JN107478

Rika Izumi — RIKAtoZ

この本の使い方

・・・

ボディメイク、食生活、スキンケア、ヘアケア
メイクアップ、それから、心の中♡
この本は、"泉里香"を構成する要素を
AtoZのディクショナリー方式で集約した
私の"作り方"がわかる1冊になっています。
まるっと参考にしていただくのはもちろん、
自分に必要なパートだけを抜粋していただいてもOK。
とびっきりのビジュアルとともにお送りするので
目で見て楽しんでいただくだけでもOKです!
手に取ってくださったみなさまにお好きな形で
活用していただけたらいいなって思っています。
私の経験や習慣が、今よりもっと輝きたいと願う
女のコのお役に立てることを祈って。

泉 里香

Arm

二の腕

見せつけたくなる
二の腕の作り方

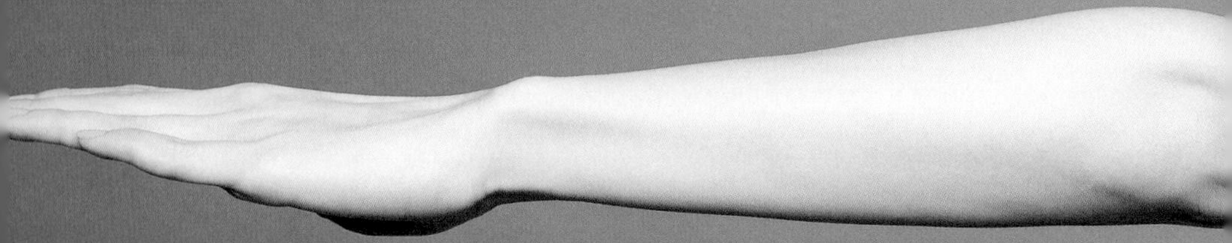

二の腕に限らず全パーツにおいて、"見た目すっきり、触るとモチモチ"な体が私の理想。

そんな私の二の腕メイクの2大ルールはトレーニングによる引き締めと保湿による肌の透明感の演出です。

まずはシルエット。タンクトップを着たときにスラリと見える二の腕を目指しています。年齢とともに振り袖みたいに垂れ下がるお肉がどんどんつきやすくなってくるので、ストレッチやエクササイズは必要不可欠。できる限り毎日実践しています。

時間がないときはちょっとした空き時間に脇の付け根を手で揉みほぐしてリンパの詰まりを解消。こまめにやると手軽にサイズダウンができるのでオススメ。

保湿は、お風呂上がりに化粧水やボディクリームをたっぷり塗るのがルーティン。黒ズミが気になる肘は特に重点的に。くるくるなでるように浸透させて、周囲の肌と同じ質感を目指しています。仮にちょっとくらい二の腕がむちっとしてても肌がうるおい満タンでキメ細かかったらそっちに目がいくから、誤魔化せちゃう（笑）。

「ちょっと振り袖がついてきたかも」と感じたら姿勢でカモフラージュ。背筋を伸ばして、肩甲骨を気持ち後ろに引いて、脇をほんの少しだけ空けると、見た目の印象が3cmダウンする気がします。写真を撮るときに使えるテクだよ。

Rika Izumi — RIKAtoZ / Arm

Rika's Memo

この本で紹介するホームケアのページは、**筋膜リ
リース→ストレッチ→エクササイズ**の3段階に分か
れています。エクササイズの前に筋膜リリースとスト
レッチをすることで、姿勢が整います。その結果、
筋肉に正しく負荷がかけられるようになる。それを
続けるうちに、筋肉を " 使っている " 感覚が育ちま
す。この感覚が得られると、狙っているところにしっ
かり効かせられるので、この3ステップを大切に。

腕の

FASCIA RELEASE

・筋膜リリース・

正座をして前屈。片方の二の腕を床に沿わせたら、
二の腕と床の間にポールを挟む。ポールを二の腕付
近でコロコロ動かして一番痛いところを探ったら、自
分の二の腕の重さをじっくりかけて、そのまま60秒
キープ。左右同じように。

腕の

STRETCH

・ストレッチ・

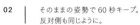

腰が反らないように！

01 　体育座りをする（もしくは、あぐ
らでもOK）。片方の腕をまっす
ぐ上げて耳より後ろに引く。上げ
たほうの肘を曲げて、もう片方
の手で曲げた肘を引っ張る。

02 　そのままの姿勢で60秒キープ。
反対側も同じように。

腕の EXERCISE

・エクササイズ・

Right Arm

01 | 床の上で四つ這いの姿勢に。このとき、手は肩幅より少し広めにすること。

02 | 腕ではなく肩甲骨をひねるイメージで、体を下に沈めながら腕を内側に回旋させる。

Left Arm

Rika's Memo

二の腕の筋肉は肩甲骨に隣接しているから、
二の腕をスッキリさせるためには肩と肩甲骨周
辺の柔軟性を強化することがとても大切！　地
味な動きだからと言って、あなどれませんよ。

03	ひねった腕をこれ以上回らないというところまで回旋。

04	そのまま10秒キープ。左右ともに10回×3セット。各セットの間は1分間、休憩。

B

Bust

....

バスト

愛されるお胸について
考えてみた

丸くてほわほわなお胸でいられるよう、日々、あの手この手でケアしています。

お胸が左右に流れてしまわないよう、お風呂上がりにボディクリームや
乳液を塗りながらマッサージ。脇からバストに向かって、
痛気持ちいいくらいの強さで手をすべらせてほぐすのが習慣です。

バストを吊り上げているクーパー靭帯が伸びると元に戻らないと
聞いてからは、日々の生活でなるべく揺らさないようにする努力も。
ボディメイクのためにランニングをすることもあるのですが、
走るときは必ずスポーツブラでお胸をぎゅっと固定しています。
また、普段の生活では肩甲骨を正しい位置にセットして、猫背にならないように意識。
暇さえあれば肩甲骨の周りをほぐすのも習慣にしています。

それからマッサージで鎖骨周りの滞りをスムーズにするのも重要。
デコルテが華奢に映るとそれだけで女性らしくなれる気がするんですよね。

ただ、年齢を重ねるにつれてそれなりに変化は生じてくるものだと思うので、
無理に"寄せて上げて"をして過ごすつもりはないんです。

大人になってちょっと下がったり離れてくるお胸も、きっと大人の魅力のひとつ。

年齢によるお胸の表情の変化も楽しめる自分でありたいと思っています。

My Love

● ● ●

ふっくら、ハリのあるバストへ導いてくれる専用
乳液。「ミルクみたいになめらかなテクスチャー
が心地いい。マッサージするときに手をすべら
せやすく、香りにも癒やされます」レ ビュスト エパ
ヌイッサン 50ml／クラランス

プロのエステティシャンの手技を再現できるローラー。
「脇の下から胸の中央に向かって押しながらローリ
ングしています。バストはもちろん脚やウエストなど
あらゆるパーツに使えるので、1つあるとかなり重宝」
リファカラット／MTG.

バストの **FASCIA RELEASE**

・ 筋膜リリース ・

01 | 体育座りをしたら、上体を倒して仰向けに寝る。肩甲骨と床の隙間に筋膜リリースボールを入れて。

02 | そのまま、両腕をまっすぐ上に万歳。腰の隙間を埋めるように意識しながら、60秒キープ。

Rika's Memo

腰を床に押し当てて、隙間をなくすイメージで。ゆっくりと深く呼吸をするのも大切。

STRETCH

・ストレッチ・

01 ／ バストオープナー

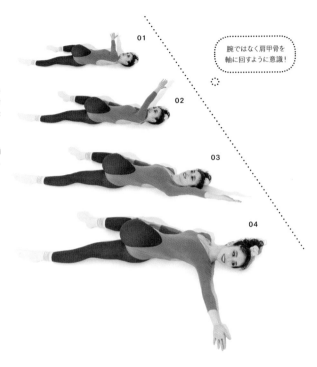

01 — 03　両脚を伸ばして仰向けで寝る。伸ばした脚の上にもう一方の脚をクロスさせながら乗せて、クロスした脚が浮かないように固定。

04　肩甲骨を背骨から回すイメージで時計回りに回転し、60秒キープ。左右同様に。

> 腕ではなく肩甲骨を軸に回すように意識！

02 ／ ハグ＆ウェルカム

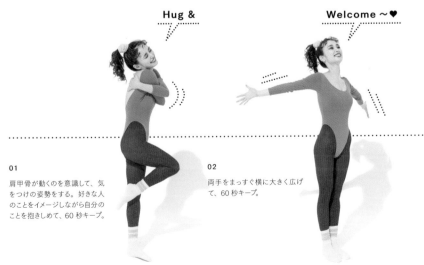

Hug &

Welcome ～❤

01　肩甲骨が動くのを意識して、気をつけの姿勢をする。好きな人のことをイメージしながら自分のことを抱きしめて、60秒キープ。

02　両手をまっすぐ横に大きく広げて、60秒キープ。

バストの EXERCISE

・エクササイズ・

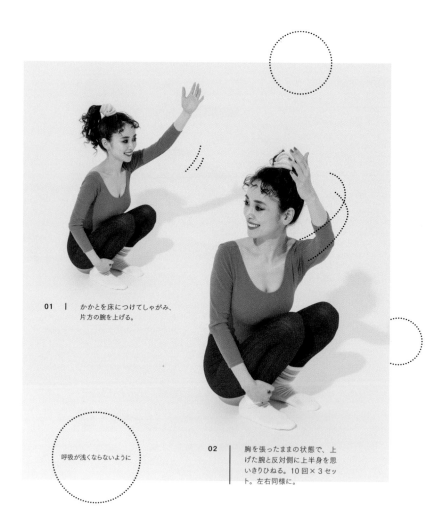

01 | かかとを床につけてしゃがみ、
片方の腕を上げる。

呼吸が浅くならないように

02 | 胸を張ったままの状態で、上
げた腕と反対側に上半身を思
いきりひねる。10回×3セッ
ト。左右同様に。

Rika's Memo

限界プラス1cmを意識して行なうとより高い効果が期待できます!

Side View

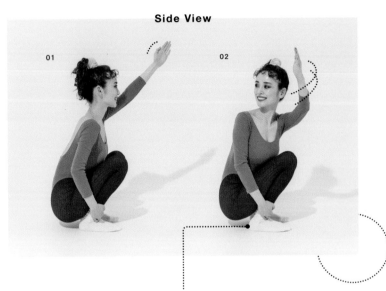

01

02

Check!

Rika's Memo

かかとはなるべく床から浮かないのがベター。
かかとが床につかない人は、まず、かかとを
つけてしゃがめるようにチャレンジしてみて!

No!

Carbohydrate

私は炊きたての白米が大大大好き♡ 最後の晩餐の候補にも "納豆かけごはん" が堂々のランクイン。お米の中でもコシヒカリの新米が好きで、半永久的に食べていられる気がします (笑)。

そんなお米 LOVE の私ですが、いざダイエットを始めたら、白米は日中、120g (お茶碗小盛り 1 杯くらい) までに抑えて、夜はカット。

このところ、巷では糖質 = ダイエットの敵だと思われているけれど、実は、糖質はボディメイクの味方。代謝のサイクルを回す " ガソリン " のような役割を果たしていたり、筋肉を動かすためのエネルギーとして活躍してくれる大切な存在なんです。やみくもにカットするとダイエット効率が低下してしまうので、ストイックにダイエットを頑張るときも、適量を摂取するのがモットー。キノコや海藻、野菜などの食物繊維と一緒に摂ると吸収を抑えることができてオススメです。玄米、雑穀米など、食物繊維の多いお米にはビタミン B 群、ミネラルが含まれているので、本気で頑張りたいときはお米の種類をチェンジするのも選択肢の 1 つだと思います。

糖質と、喧嘩しないで、手をつなご♡

糖質と手をつなご

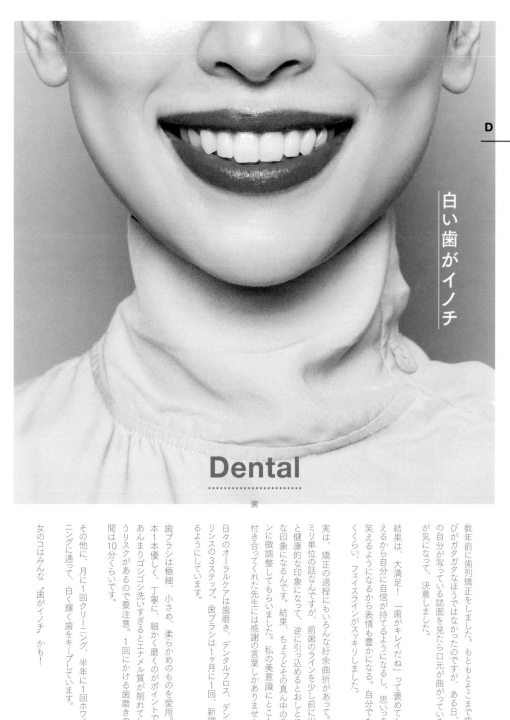

白い歯がイノチ

Dental

歯

数年前に歯列矯正をしました。もともとそこまで歯並びがガタガタなほうではなかったのですが、ある日、昔の自分が写っている誌面を見たら口元が曲がっているのが気になって、決意しました。

結果は、大満足！「歯がキレイだね」って褒めてもらえるから自分に自信が持てるようになるし、思いっきり笑えるようになるから表情も豊かになる。自分でも驚くくらい、フェイスラインがスッキリしました。

実は、矯正の過程にもいろんな紆余曲折があって。数ミリ単位の話なんですが、前歯のラインを少し前に出すと健康的な印象になって、逆に引っ込めるとおしとやかな印象になるんです。結果、ちょうどその真ん中のラインに微調整してもらいました。私の美意識にとことん付き合ってくれた先生には感謝の言葉しかありません。

日々のオーラルケアは歯磨き、デンタルフロス、デンタルリンスの3ステップ。歯ブラシは1ヶ月に1回、新調するようにしています。

歯ブラシは極細、小さめ、柔らかめのものを愛用。1本1本優しく、丁寧に、細かく磨くのがポイントです。あんまりゴシゴシ洗いすぎるとエナメル質が削れてしまうリスクがあるので要注意。1回にかける歯磨きの時間は10分くらいです。

その他に、月に1回クリーニング、半年に1回ホワイトニングに通って、白く輝く歯をキープしています。
女のコはみんな、"歯がイノチ"かも！

Enzyme

·······························

酵素

*酵素*を味方につける

パイナップル、キウイ、パパイア、メロン、マンゴー。左ページの写真のフルーツに共通していることはなんだと思いますか？　正解は、食物酵素が多く含まれていることなんです。

ここで、ちょっとだけ酵素について解説。体内には、消化酵素と代謝酵素の２種類の酵素が存在します。消化酵素は食べ物を消化するときに使用される酵素。もう一方の代謝酵素は食べたものをエネルギーに変えて細胞の生まれ変わりを促す役割があるんです。この体内酵素が使われるのには優先順位がありまして……。まずはじめに消化酵素が使われ、残った酵素が代謝酵素として代謝に回される仕組み。美ボディを目指す乙女としては、体内にある酵素をなるべく"代謝酵素"として活用したいですよね？

そこで注目したいのが、食物酵素の存在。食物酵素とは、消化酵素の働きを助けてくれる酵素。体内に取り入れることで、消化酵素を節約できると同時に、余った消化酵素を代謝酵素に回すことができるんです。食物酵素を含む食材

は、消化酵素の力を借りなくても自力で消化できるから、代謝酵素を無駄遣いする心配がないところもステキ♡　今この瞬間、冒頭で挙げたフルーツたちが、輝いて見えてきたでしょ？

ただし、フルーツは果糖が多いので摂るタイミングは工夫したいところ。カットしてパクパク食べんでも良く、ジュースにしても良し。１日の始まりに口にするのが安心です。消化酵素を節約して代謝酵素を有効に活用するという意味では、食事をいつも腹八分目でセーブする習慣を身につけることも重要かも。

食事のときは食べ合わせも意識していて、肉や魚などのタンパク質はタンパク質分解酵素を多く含んでいるパイナップル、キウイ、メロンと一緒に、そばやうどん、お寿司などの炭水化物を食べるときは、でんぷん分解酵素を多く含んでいる大根おろしや大根のつまを一緒に食べたりしています。酵素について勉強して日々の食生活に応用するだけで、肌もボディラインも見違えるほど変わってくるはず。

脂質は敵じゃない

油ってダイエット中、つい敵視しちゃう。実際、1gにつき9キロカロリーもあるから高カロリーなんだけど、抜くのはご法度。肌や髪にうるおいを与えてくれる役割もあるから、摂取することはエイジングケアにもつながるし、上手に付き合っていかなきゃ絶対に損。

油を摂る上で注意したいのが質と量。乳製品、肉などの飽和脂肪酸が多く含まれる動物性の脂質は、摂りすぎると体内を酸化させて、エイジングを加速するリスクがあるので要注意。逆に積極的に摂取したいのが体内で作ることのできない"必須脂肪酸"。オメガ6系脂肪酸とオメガ3系脂肪酸に二分する、成人女性の1日の摂取量の目安はオメガ6系脂肪酸は8g、オメガ3系脂肪酸は1.6gと言われています。オメガ6系脂肪酸は大豆油かコーン油に含まれているので知らず知らずに摂取している可能性大。むしろ、摂りすぎないように注意する必要があるかも。もう一方のオメガ3系脂肪酸は意識しないと不足しがち。サーモン、マグロ、サンマ、ブリ、イワシなど脂肪の多い魚や、カニ、カキなどの甲殻類・貝類、オリーブオイル、亜麻仁油、ごま油、えごま油などの植物油から摂取することができるので、積極的に摂取してる。魚は生で食べると酵素が摂れるので、お刺身にして食べることが多いかな。

とはいえ、どんなに良質な油でもハイカロリーなことはたしか。大さじ1杯で100キロカロリー近くになるので、野菜炒めに使ったり、ドレッシングに混ぜるときは目分量で測らずスプーンできちんと計測するようにしています。

揚げ物を食べたくなったら、揚げるときに使う油をヘルシーなものに。揚げ物でハイカロリーな部分は衣なので、フライや天ぷらよりは唐揚げや素揚げ（これがベスト！）を選ぶようにしています。これだけで、だいぶカロリーカットにつながる！

アボカドやナッツにも含まれているので、レシピに取り入れたり、おやつとしてもつまんでいます。

Rika's Recommend

スーパーマーケットに行ったらオイルコーナーに何分もいるほどオイル好きな私のオススメオイルをご紹介♪ 自宅にコレクションしているオイルを使って調理すれば、成分が把握できているから、安心して摂取できるよ。

オリーブオイル

保湿効果と抗酸化作用が高く、腸内環境の改善にも一役。オリーブオイルの中に含まれるオレイン酸が血中の悪玉コレステロールを減少させて、中性脂肪を蓄積するのを抑えてくれる働きがあるので、ダイエットに大貢献！ 鮮度が高く酸度が低い（なるべく0.8%以下）エクストラバージンオリーブオイルを選ぶようにしています。揚げ物をするときはこれをチョイス。

亜麻仁油

ポリフェノールの一種である"リグナン"を配合しているのが大きな特徴。体内で分解されると女性ホルモンの1つ"エストロゲン"の働きを整えて、肌や髪にうるおいをチャージ。購入時は低温圧搾法で搾られているかをチェック。そのほうが高品質なもの。ものすごく熱や光に弱くて酸化しやすいので、ドレッシングなど生で調理できるレシピに活用。

ごま油

善玉コレステロールは減らさずに、悪玉コレステロールを減らしてくれる効果が期待できるオレイン酸を配合。こちらも抗酸化作用が高く、エイジングケアにアタック。血液をサラサラにしてくれる働きも。腸の動きを応援してくれたり、肌をしっとり、ふっくらさせてくれる効果もあり美肌にもつながります。何より、香ばしい風味がたまらないっ♡ 常備して炒め物をするときに使います。

えごま油

シソ科の"えごま"から搾った油がこちら。オメガ3系脂肪酸"α・リノレン酸"を豊富に配合。代謝を活発にし、脂肪を燃焼しやすくする効果が期待できる乙女に嬉しいオイル。肥満対策効果が期待できる"ルテオリン"や抗炎症・抗酸化作用があると言われる"ロスマリン酸"も含まれているから、口にする美容液と言っても過言ではないかもしれません。

Gym

ジム

ジムに通わなくっちゃ！

　自宅での筋トレと並行して大切にしているのが、ジムでのワークアウト。負荷をかけるウエイトトレーニングや自分を追い込まなければならない種目を定期的に取り入れて、さらなる美ボディを目指しています。筋トレを続けることは基礎代謝のアップにもつながるので日々の生活に欠かせません。

　トレーナーの武田敏希さん（「E-STRETCH GYM」代表）についてパーソナルトレーニングをスタートしてから6年目に突入。ボディラインと筋力のベースをある程度は整えることができました。頻度は通常は週に1回、大切な撮影の前は週2〜3回くらい、ハードに頑張りたいときは2日に1回のペース。1回のワークアウトにかける時間は60分です。

　ちなみにこのページで私が手にしているのはTRX（トータルボディ・レジスタンス・エクササイズ）。上

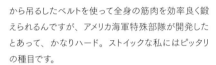

から吊るしたベルトを使って全身の筋肉を効率良く鍛えられるんですが、アメリカ海軍特殊部隊が開発したとあって、かなりハード。ストイックな私にはピッタリの種目です。

　ところで、よく周囲の人から良いトレーナーさんを見分けるポイントを聞かれるのですが、私の持論では、どんな質問にも答えてくれる人だと思います。私、ワークアウト中にめちゃくちゃ質問するんです。「これはここに効いてるんですけど合ってますか?」とか、「ここが痛いのはどうしてですか?」とか。股関節や膝、足首が人よりも緩いという悩みもあったので、それに関してもしつこくいろいろと質問して。そこできちんと納得できる回答をくれたり、次に会うときまでに調べてくれるトレーナーさんは、信頼してOK!　筋肉の仕組みを熟知している勉強熱心な先生を前にすると、

自分の勉強意欲も高まる。二人三脚で向上していける気がするんですよね。さらに、パフォーマンスの向上を考えてくれるトレーナーさんだったら、なお素晴らしい!　ジムでするトレーニングが日常生活においてどんなメリットがあり、どうしてボディラインが整うのかを考えてくれるトレーナーさんは、必ず理想の結果に導いてくれるのでモチベーションも上がると思います。

　最近はパーソナルトレーニング以外に通いやすい場所にあるジムにも入会。マシンの使い方がわからないときにスタッフさんに尋ねるのですが、中にはものすごく筋肉マニアなトレーナーさんがいて感動。自称筋肉マニアの私でさえ、すごく勉強になることが多くって。トレーナーさんに甘え上手な女のコになることも、美ボディを作るための近道かも♪

Rika Izumi　——　RIKAtoZ / **Gym**

Hip

ヒップ

透明感のある丸いシルエットのヒップが私の永遠の憧れであり、永遠の課題。
普段、誰に見せるわけでもないけれど、ヒップが理想に近づけたらテンションアップ。
ランジェリーも水着もスキニーパンツもキレイに着こなせるようになって
女性としての自分に自信が持てるようになるって、夢を見ながら
トレーニングに励んでいます。

ヒップのシルエットを整えるために、普段の歩き方にも一工夫。
膝が曲がらないようにしっかり伸びるくらいの歩幅で、内股に気をつけて歩くと、
自然とヒップアップにつながってお腹もぺたんこに。このとき、背筋を上から
引っ張られているようにまっすぐに伸ばし、腕を振るとさらに効果的。
それから、骨盤を左右にブレさせないように歩くのもポイント。
太ももの前が張りづらくなるし、将来、出産するときのために
骨盤をフラットな位置に安定させられたらって思います。
座るときはお尻の穴をキュッと締めてロック。
ヒップアップと同時に脚のむくみ解消にもつながります。

スキンケアにも余念がありません。
人間の肌は1枚だと思っているので、ヒップも顔と同じくらい大切にお手入れ。
なじませるだけで優しくピールオフできるジェルタイプの美容液を
マッサージしながらヒップに塗るとザラつきが軽減して透明感アップ。
時間に余裕のあるときは、酵素パウダーで洗うこともあります。
うるぷるのピーチヒップに近づける気がする！

H

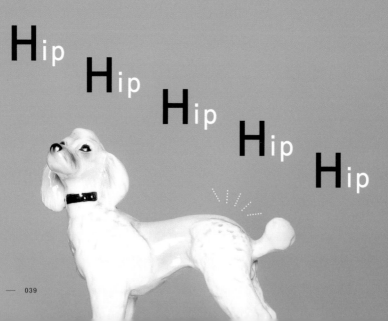

ヒップの FASCIA RELEASE

・筋膜リリース・

お尻の外側部分にあるくぼみを見つけたら、筋膜リリースボールを当てて
床との間に挟む。そのまま自重をかけて、60秒キープ。反対側も同様に。

H ___

ヒップの STRETCH

・ストレッチ・

あぐらをかいて片脚をまっすぐ後ろに伸ばし、上体をまっすぐ前に
倒しながら、両腕は前に伸ばす。お尻が伸びるのを意識しながら、
膝をしっかり外側に向けて。左右ともに、60秒キープ。

EXERCISE

・エクササイズ・

／ Ｔローテーション ／

背筋はピン！

椅子やテーブルを活用しよう

01
両脚を揃えて立ったら、片脚をまっすぐ後ろに伸ばして床と平行になるように上げる。腰に手を置いて、上体もなるべく床と平行になるように前傾。

02
上体と脚が床と平行になっているのを意識しながら、体を外側に回旋。できるところまで開いて。

軸脚は曲がっていても大丈夫

03
02の状態から内側に向かって回旋。左右ともに10回×3セット。

お尻につらさを感じたら正解！

Imagination

イマジネーション

I

なりたい自分をイメージしよ

なりたい自分はいつだって"より良い自分"。
理想や目標は、常に自分の中にあると思うから、
日々、鏡の中の自分と向き合うのが習慣。
改善点を見つけたら、それをクリアするために努力。
他の誰かになろうとしても、それが遠すぎたら
比べて苦しくなるだけ。そんなのナンセンスだよね。
自分史上最高の自分を目指し続けるのがポリシー。
努力は形になって返ってくる。誰もが磨けば輝けるはず。

I

Rika Izumi — RIKAtoZ / **Imagination**

Juice

ジュース

J

美肌をサポートしてくれるビタミンC、B₆、B₂、B₁₂を積極的に摂りたくて活用しているフレッシュジュース。といっても、飲むのは時間や気持ちに余裕があるときだけ。あまり神経質になるより「おいしいな」って味を楽しみながら飲むほうが肌にも体にもいい気がするんですよね。

フレッシュジュースはビューティカクテル

ジュースを飲むときは必ずミキサーで手作り。体が冷えないように、フルーツやお野菜は必ず常温のものを使うようにしています。フルーツは果糖を多く含んでいるので、夜摂ると脂肪に変わりやすいのがネック。飲むのはなるべく朝にしています。血糖値を上げて交感神経を刺激してくれるから、頭が働きやすくなりますよ。ほとんどのフルーツに酵素が含まれているので、消化もスムーズ。胃腸に負担がかかりにくいのも嬉しいポイントだと思います。

Rika Izumi — RIKAtoZ / **Juice**

ジュースの RECIPE

・レシピ・

どれも材料をミキサーに放り込んでスイッチを押すだけで完成。それぞれのジュースに期待できる効果効能もメモしておくから、その日の体調や自分の理想に合わせて飲み分けて。材料を無農薬野菜・フルーツにすると、皮まで使えて good ♪　皮には抗酸化作用の高いファイトケミカルが含まれていることが多いので、もれなく摂取できるよ。

J

Juice _ 01

グリーンデトックススムージー

食物繊維、ビタミン、ミネラルとクレンジング効果が期待できる "アリルイソチオシアネート" を豊富に含んだケールと小松菜に、バナナ＆キウイを合わせることでおいしくアレンジ。

材料
ケールもしくはルッコラ ……… 10g
小松菜 ……… 20g
キウイ ……… 1/2 個
バナナ ……… 1本
クコの実 ……… 少々
水 ……… 100ml

● ● ●

Juice _ 02

代謝アゲアゲ ↗　イエロースムージー

ビタミン B 群とタンパク質分解酵素が豊富なパイナップルに、代謝を高める効果が期待できる柑橘類をミックス。しょうがを加えることで女性の大敵＝冷えにもアプローチ。

材料
パイナップル ……… 100g
グレープフルーツ ……… 1/2 個
セロリ ……… 20g
しょうが ……… 1かけ
水 ……… 100ml

Juice _ 03

スキンケアホットスムージー

ポリフェノールがたっぷり含まれて
いるブルーベリー、りんご、ビーツ、
トマトに、腸内環境を整えてくれる
甘酒を加えて味わいをマイルドに。
甘酒は事前に鍋で熱を加えておく
こと。

材料
ブルーベリー ……… 80g
ビーツ ……… 20g
りんご ……… 1/2 個
トマト ……… 1/2 個
甘酒 ……… 150ml

・・・

Juice _ 04

アンチエイジングロカボスムージー

糖質の少ないアボカド、キウイフ
ルーツを主役に作る、低糖質スムー
ジー。アボカドにはビタミン E、キ
ウイフルーツにはビタミン C が含ま
れているからエイジングケア効果も
バッチリ。

材料
アボカド ……… 1/4 個
キウイフルーツ ……… 1 個
アーモンド ……… 5粒
豆乳 ……… 100ml
水 ……… 100ml
パセリ ……… 少々
はちみつ ……… 適宜

Kubire

くびれ

いつの時代も、くびれは
女性らしいカーヴィーなボ
ディラインの象徴！

極論、ウエストがくびれてさえ
いれば、全身のコントラストで
バストもヒップもボリュームがある
ように錯覚させることができる。
それってつまり、スタイルアップに
つながると思うから、何をおいて
も死守したいって思ってます。

体が "3D" になると女性らしさが
途端に増すし、シンプルなコーデ
でも女性らしさを漂わせることが
できるから、まずはくびれ作りから
スタイル作りをスタートするのもアリ
だと思う！

「じゃあ、くびれを作るにはどうした
らいいの？」って聞かれたら、やっ
ぱり、地道なストレッチやトレーニ
ング。

「くびれのない人生なんて！

次のページから紹介するメニューに加えて、私は暇さえあればウエストを左右にひねったり、体側を伸ばしたり。自宅や楽屋で"プランク(うつ伏せの状態で前腕と肘、つま先で体を浮かせるエクササイズ)"をすることもしょっちゅう。お風呂の中で「くびれて〜!」って思いを込めながらウエストをマッサージするのも案外効果がある気がしています。腹式呼吸で歌を歌うのも効果テキメンらしいので、普段から呼吸を深くするように意識しています。カラオケをトレーニング感覚で楽しむのもいいかも(ちなみに私は行かない派(笑))。

ふとした瞬間にウエストが緩まないように、日常生活の中での座り方にも注意。椅子に座るときは、とにかく浅く腰かけるようにしています。そのときも呼吸を深くするように心がけるのがポイント。

背筋も伸びて一石二鳥。いつだって"プチトレ"してるよ。

Rika Izumi — RIKAtoZ / **Kubire**

FASCIA RELEASE

・筋膜リリース・

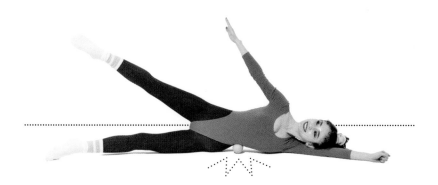

K

横向きに寝て、ウエストの「一番くびれてほしい」と思う部分と床の間に筋膜リリースボールを入れる。そのまま体重をかけて、60秒キープ。反対側も同様に。

くびれの
STRETCH

・ストレッチ・

01

正座をして、腰に左手を
当てる。右の肘を折り曲げ
ながら右側に腰を縮める。

05

そのまま、肩を入れ込む
ようにひねる。全行程を
それぞれ3秒ずつキープ。
反対側も同様に。

02

右腕を反対側に伸ばしな
がら01で縮めた腰を思
いきり伸ばす。

K

04

左手と体側の隙間に右手
を通す。

03

左手を一旦床につく。

Rika's Memo

ウエストをくびれさせる上で重要なのは側屈、屈曲、回旋。
この3つの柔軟性なくして、くびれは語れません！

04 | 目標は 20 歩×3 セット。

03 | この動きを繰り返す。

K

膝は曲がってしまっても OK

02 | もう片方のお尻を持ち上げて前に出す。

01 | 両脚を揃えてまっすぐ前に伸ばして座り、両手を胸の前でクロスして自分を抱きしめる。片方のお尻を持ち上げて前に出す。

K

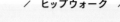

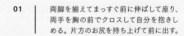

上半身がぶれないように

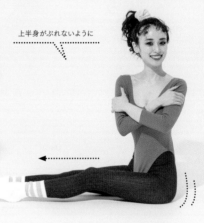

お尻を引きずらないように

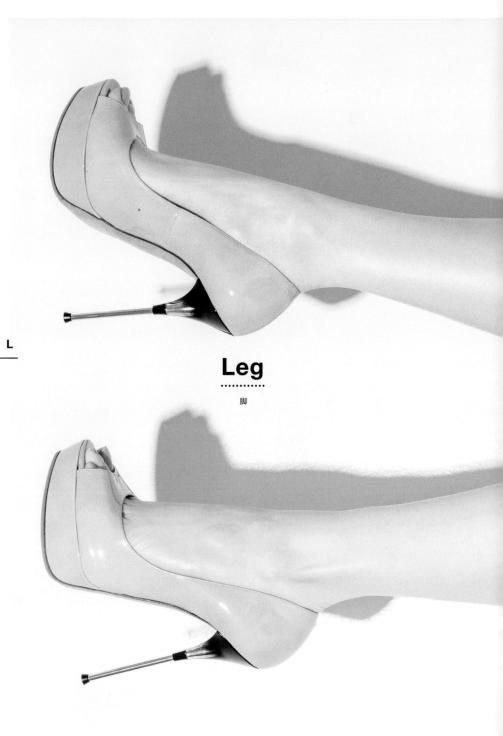

Leg

....
脚

カモシカ脚になりた～い♡

レッグラインは今なお道半ば。

ふくらはぎに筋肉がつきやすくてむくみやすい体質なので、
気がつくと、いわゆる"ししゃも脚"になっていたりして……。
油断すると膝のお皿にお肉が乗っかったりすることもあるので、
とにかく血液やリンパを巡らせることが肝心！

巡りだけはスムーズにしておきたくて、ストレッチは暇さえあれば四六時中。
毎晩必ず40～41度の湯船に30分前後浸かって、全身浴で冷えを撃退。

バスタブの中でも脚をさするのがクセになっているし、
お風呂上がりは、ひたすらマッサージ。

足の指と足裏を揉みほぐすところからスタートして、
足首をぐるぐる回す。その後、両手でふくらはぎや太ももをさすり上げて
老廃物を徹底的に流すと、驚くほどスッキリ。
事前にボディオイルをつけておくと手のすべりが良くなります。

元気が残っている日はベッドに入る前までの時間を活用して
筋膜リリース、ストレッチ、エクササイズも。

その日の疲れをその日のうちに取るようにするだけで、
セルライトが溜まりにくい体質になれるから、継続が大切。

スキンケアの流れで実践して、夜のルーティンにするのが賢い選択。

面倒くさい気持ちは私も同じ。一緒に頑張ろう！

L

脚の

FASCIA RELEASE

・筋膜リリース・

╱ 足裏ほぐし ╱

筋膜リリースボールを足の裏と床の間に挟む。体重を乗せて足裏全体を刺激しながら、ボールをコロコロ転がして痛いところを見つけたら重点的にプレスして、60秒キープ。左右同様に。

L

Rika's Memo

足裏は心臓から一番遠い場所。循環が滞らないように足裏をほぐすことは、むくみの予防と改善につながるよ!

脚の

STRETCH

・ストレッチ・

01 / 股関節ほぐし

01

正座をして、両手を広げなが
ら前方の床に手の平をつき、
片脚をまっすぐ後ろに伸ばす。

02

上体をまっすぐキープしたまま
骨盤を外側にずらして、30 秒
キープ。

03

上体をまっすぐキープしたまま
骨盤を内側にずらして、30 秒
キープ。反対側も同様に。

02 / 足首ほぐし

かかとをきちんと床につけて
しゃがみ、手を後ろで組んで、
60 秒キープ。

‥‥‥ Rika's Memo ‥‥‥

股関節の役割は柔軟性！ 脚の歪み＝股
関節の硬さと言われているんです。本来
持っている股関節の柔軟性を最大限に引
き出して、スラリと美脚になりましょ♪

L

EXERCISE

・エクササイズ・

/ ボール de スクワット /

01 | 両脚を揃えてまっすぐ立った状態で両手を前に伸ばす。
脚を肩幅に開いて、片脚の足裏と床の間にボールを挟む。

02 | お尻を気持ち後ろに突き出すイメージで体を下に沈め
て、元に戻す。じっくり10回×3セット。左右同様に。

股関節から
しゃがむように意識

膝がつま先より前に
出すぎないように！
少しなら出てもOK

L

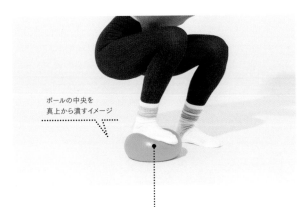

ボールの中央を
真上から潰すイメージ

Check!

No!   Non Non

·········· Rika's Memo ··········

ボールが均一に潰れないのは足首が硬かったり、
体の重心がずれていることが原因。これができるよ
うになると、日常の歩行の動作が正しくなって、歩く
だけで "美脚トレーニング" につながるようになるよ!

Mattan

·····················

末端

" 品 " は指先に宿る

大人の女性たるもの、どんなときも心に余裕を持って、
末端まで抜かりなく美しくありたいと思っています。
周囲の素敵な女性の指先を目にすると、必ずと言っていいほど
きちんとケアされていることに気付いて以来、
ネイルは " 品 " を映す鏡だと思うようになりました。
それに、手元は自分の視覚にも飛び込んでくるパーツ。
お気に入りのネイルポリッシュを塗って、リングをつけると
それだけでテンションがアップ。勇気付けてもらうこともしばしばです。

M
—

シェイプを整えるときは爪切りではなく、ネイルファイルで丁寧に長さを調整するようにしています。そのほうが二枚爪になりにくいし、形もキレイに整うの。爪に対して45度の角度でネイルファイルを当てたら、一方向に動かして。最初に真ん中、あとから両サイドの長さを調整。先端に角が残ってしまったら、そこだけ削ればラウンドネイルの完成。

指先もむくみやすいパーツの1つ。移動中や待ち時間に指で揉みほぐすのがいつの間にかクセになってからは、どんなコンディションの日でも指輪がスムーズに入るようになって絶好調。やり方は完全にオリジナル。ハンドクリームを手肌全体になじませながら、指の付け根をプッシュしたり、関節を揉みほぐしたり。痛気持ちいいくらいの強さのほうが効果が出る気がします。最近は手肌のなめらかさをキープするために、食器洗いをするときにゴム手袋をするようになりました。

My Love

・・・

しなやかなテクスチャーでうるおいが長続き。「アロマの香りで心までリラックスできます」イソップ レスレクション ハンドバーム 75ml／イソップ・ジャパン

手肌を乾燥から守りながらUVケアまで。「こっくりしているのにベタつきレス」クレームプールマン SPF18・PA++ 75g／クレ・ド・ポー ボーテ〔医薬部外品〕

乾燥しやすい指の生え際はネイルオイルで保湿。ロールオンタイプのオイルを塗布したら、爪全体に行き渡るように指でくるくるとなじませます。爪にナチュラルなツヤが出るから、ネイルポリッシュを塗らなくてもバッチリ見映え！　この uka のネイルオイルは精油をブレンドした香りが心までうるおしてくれるので、リフレッシュにも最適。いつでもポーチに IN しています。

My Love

・・・

柑橘系のフレッシュな香りで気分もさっぱり。「保湿力が高いのにサラサラの付け心地がお気に入り。香りのバリエーションが豊富でどれも素敵なラインナップ。いくつか持っていて、その日の気分で使い分けています」uka ネイルオイル 18:30 5ml／uka Tokyo head office

指先を美しく見せる上で意外とあなどれないのが甘皮ケア。事前に指先をお湯でふやかしておくとスムーズなので、私はいつもお風呂上がりに決行。まず、キューティクルリムーバーを爪に塗ります。プッシャーの先端にコットンを薄く巻きつけて軽く水で湿らせ、爪の端から生え際に沿ってくるくると円を描くように動かして甘皮を押し上げていくのがオススメ。ささくれはニッパーでカット。

Rika Izumi — RIKAtoZ / **Mattan**

里香は肉食女子

お肉には、キレイになれる効果がいっぱい！
なんと言っても、人間の体では作り出すことができない
"必須アミノ酸"が豊富に含まれているでしょ。
日々の細胞の生まれ変わりを活発にしてくれるから、
エイジング効果が期待できるんですよね。
それから、お肉の中に含まれる脂肪分とオレイン酸は
女性ホルモンの1つ"エストロゲン"の働きを助けたり
コラーゲンを増やしてくれると言われているの。
さらに、上質な筋肉を育ててくれるところも見逃せない。
ワークアウトの効率が上がるし、筋肉が作られる＝
脂肪の燃焼が促進されるからダイエット効果もバッチリ。
赤みのお肉やラム肉に含まれている"カルニチン"に
脂肪燃焼作用があることも立証されているのです！！！
代謝に欠かせないビタミンB群が含まれている点も見逃せません。
だから私は、いつだってお肉を積極的に摂取♡
お家で牛肉やチキンを1枚焼いてペロリと食べることも
しょっちゅうあるし、ダイエット中に外食するお店の決定権が
私にあるときは焼肉屋か焼き鳥屋を選ぶことが多いです。
ただし、鶏のササミや牛や豚のヒレなど脂分がなるべく少ない部位を
選ぶのがルール。次のページでお気に入りレシピを紹介します。

お肉の

RECIPE

・レシピ・

Niku _ 01

牛肉とキノコのペペロン炒め

牛肉には女性に不足しがちな鉄分と亜鉛が豊富に含まれていて、女性ホルモンのバランスを整えてくれる効果が。さらに、冷えの予防にも効果的。ミネラルが豊富なキノコと合わせて摂ることで、美容効果がさらにアップ。男性も大満足のごはんが進む味わいです。

材料 ／ 2人分
牛もも肉 ……… 200g
お好みのキノコ ……… 200g
ごぼう ……… 80g
鷹の爪 ……… 1/2 本
にんにく ……… 1かけ
オリーブオイル ……… 大さじ 2
しょうゆ ……… 小さじ2
塩、こしょう ……… 少々
粉チーズ（パルミジャーノレッジャーノ）……… 大さじ 1

||||| **How to** |||||

1. キノコは石づきを取って、食べやすい大きさに割く。ごぼうは斜め薄切りにして、水にサッとさらす。
2. フライパンにオリーブオイル、みじん切りにしたにんにく、輪切りにした鷹の爪を加え、弱火で加熱。にんにくの香りが出てきたら中火に替えて、ごぼうを加えて炒める。
3. ある程度火が通ったら、一口大に切った牛もも肉、キノコを加え、塩、こしょうを振りかけて炒める。
4. しょうゆを回しながら入れて、よく混ぜる。
5. 器に盛り、粉チーズを振りかける。

豚ヒレ肉のグリル　ごま味噌ソース

豚肉にはエネルギーの代謝に欠かせないビタミン B 群が豊富。中でもヒレ肉はタンパク質の量が多い上に、低脂肪。食感がパサつくイメージがあるかもしれませんが、低温調理をするとしっとりおいしく！　ごま味噌の風味が食欲をそそります。野菜を添えて召し上がれ。

材料 ／ 2人分
豚ヒレ塊肉 ……… 1本
塩、こしょう ……… 少々
ルッコラ ……… 適量

● ごま味噌ソース
すりごま ……… 小さじ 2
味噌 ……… 大さじ 1/2
はちみつ（もしくは砂糖）……… 小さじ 1
みりん ……… 大さじ1
酒 ……… 大さじ 1
ごま油 ……… 大さじ 1/2

||||| **How to** |||||

1. 豚ヒレ塊肉に塩、こしょうで下味をつけて、110 度のグリルで 30 〜 40 分加熱する。
2. 豚ヒレ肉が焼き上がったら、一口大に切る。お好みでルッコラを添えながらお皿に盛り付ける。
3. ごま味噌ソースの材料を混ぜ合わせたら、2 にかけていただく。

• • •

鶏肉とパプリカのマリネ

鶏肉とパプリカをオリーブオイルでソテーしたマリネ。良質なタンパク質とコラーゲンが豊富に含まれる鶏肉は、ビタミン C たっぷりのパプリカと一緒に食べることでコラーゲンの生成を促してくれるという嬉しいおまけ付き。さっぱりした味わいはおつまみにも最適。

材料 ／ 2人分
鶏もも肉 ……… 200g
ハーブソルト ……… 少々
にんにく ……… 1かけ
玉ねぎ ……… 1/2 個
赤パプリカ ……… 1/2 個
黄パプリカ ……… 1/2 個
あればローズマリー ……… 適宜
オリーブオイル ……… 大さじ1

● マリネ液
酢 ……… 大さじ4
塩、こしょう ……… 少々
はちみつ ……… 大さじ 1.5

||||| **How to** |||||

1. 鶏もも肉は皮と余分な脂を除いて、ハーブソルトを揉み込んでおく。にんにく、玉ねぎ、赤パプリカ、黄パプリカは薄切りにしておく。皮と脂を除くことでカロリーが 2 分の 1 近くカットできる。
2. フライパンにオリーブオイル、にんにくを加えて弱火で熱し、にんにくの香りが出てきたら中火に替え、鶏もも肉、あればローズマリー、パプリカを加えて両面を焼いていく。
3. パプリカを加え、サッと炒める。
4. あらかじめ混ぜ合わせておいたマリネ液に、玉ねぎと2を加えて 15 分以上漬ける。一晩漬けておくと、味がなじんでおいしくいただける。冷蔵庫に保存すれば、約 3 日間鮮度が保てる。

Oyatsu & Osake

おやつとお酒

基本的に食べたいときに食べたいと思ったものを食べたいから、ダイエット中のおやつやお酒のレシピをストック♡　内容と量さえ工夫すれば、気分転換に少しくらい食べたり飲んだりしてもいいと思っています。じゃないと、続くものも続かないし、成功するものもできなくなっちゃう。ダイエットって結局は生活習慣がものを言うと思うんですよね。だからといって好き放題食べたら、どうしたってカロリーオーバーしちゃうので、何かを口にしたらすぐに、食べたものと食べた量を頭の片隅にメモ。いつもより食べすぎたと思ったら、その日の夜や翌日の食事を引き算して帳尻を合わせてあげれば、それでOKな話だと思うんです。

食べる時間はなるべく日中に寄せられたらベター

だけど、友達と夜遅くまで盛り上がっちゃうこともあるから、そこは良しとして。私の場合は、最後に食べてからベッドに入るまでの時間を4時間は空けるようにしています。そうすると、お腹を空っぽにして寝られるから、胃腸に負担がかかりにくくて翌日も調子がいい。ただ、寝るまでの時間を4時間確保できれば好きなだけ食べてもいいというわけではないので、そこは意識しておくといいかも。

お酒を飲むときは、同量のお水（氷なし）をチェイサーにするのもマイルール。飲みすぎを防げるし、水分代謝とアルコール代謝を担う肝機能の負担を軽減することで、むくみの予防になります。ちょっとした工夫で楽しいおやつ＆お酒タイムがストレスフリーになるよ。

O

ダイエット中も楽しみたいの

o

Rika Izumi — RIKAtoZ / **Oyatsu & Osake**

Oyatsu _ 01

ベリーチーズカップケーキ

グルテンフリー、かつ、良質のタンパク質、ポリフェノール、食物繊維が摂れる美容液感覚のスウィーツ。
甘味料をアガペシロップにすることでカロリーを抑えながら焼き上がり、しっとり。

材料 ／ 4 個分
大豆粉 ……… 65g
アーモンドパウダー（もしくは、米粉）……… 35g
バター ……… 50g
砂糖 ……… 50g
卵 ……… 2 個
ベーキングパウダー ……… 小さじ 1
アガペシロップ ……… 大さじ1
ブルーベリー ……… 40g
クリームチーズ ……… 100g

‖‖‖ **How to** ‖‖‖

準備
バター、卵を室温に戻しておく（もしくはレンジで 45 秒程度温めて
おく）。オーブンは 170 度で予熱を入れておく。

1. ボウルにバター、砂糖を混ぜ合わせ、泡立て器で白っぽくなるま
で混ぜる。そこに卵を2、3回に分け入れて混ぜ合わせ、大豆粉、
アーモンドパウダー、ベーキングパウダー、アガペシロップを加えて
さっくりと混ぜ合わせる。

2. 1をカップケーキの型に入れ、クリームチーズ、ブルーベリーをの
せる。25 分間オーブンで焼く。

・・・

01

O

. . .

Oyatsu _ 02   ## アーモンドプードルのパンケーキ

抗酸化作用が高いビタミン E を豊富に含んだアーモンドパウダーを使用したグルテンフリーのパンケーキ。糖
質を抑えられる上に、香り高いところが素敵。お好みで、カカオニブやナッツと合わせても♡

材料／ 4 〜 5 枚分
アーモンドパウダー ……… 115g（1 カップ）
卵（大）……… 2 個
アーモンドミルク ……… 60ml（1/4 カップ）
ベーキングパウダー ……… 小さじ 1/2
ココナッツオイル ……… 大さじ 1
オリーブオイル ……… 大さじ 1
メープルシロップ ……… 適宜
マスカルポーネチーズ ……… 適宜
お好みのナッツ ……… 適宜

||||| **How to** |||||

1. ココナッツオイルを 20 〜 30 秒、湯煎もしくはレンジにかけて溶かしておく。
2. 1とアーモンドパウダー 、卵、ベーキングパウダー、アーモンドミルクを混ぜ合わせる。
3. オリーブオイルをひいたフライパンに適量を流し込み、弱火から中火で両面を焼く。
4. マスカルポーネチーズ、砕いたナッツ、メープルシロップをかけていただく。

おやつの

RECIPE

・レシピ・

ナッツ＆カカオのエナジーバー

ナッツ、カカオ 75% 以上のチョコレート、オートミール、マヌカハニーを溶かして固めるだけのエナジーバー。
甘いものが欲しいときは、素材にこだわって。ちょっぴりカロリーは高めだけど、少量で満足できる濃厚さ。

材料／小バット1個分
お好みのナッツ ……… 30g
お好みのドライフルーツ ……… 30g
カカオ 75% 以上のチョコレート ……… 100g
オートミール ……… 50g
マヌカハニー（もしくは、はちみつ）……… 小さじ1

||||| **How to** |||||

1. チョコレートを細かく刻み、ボウルに入れ湯煎で溶かしておく。
2. 1にナッツ、ドライフルーツ、オートミール、マヌカハニーを入れ、
   全体にからませる。
3. クッキングシートを敷いたバットに 2 を流し入れ、冷蔵庫で
   固まるまで冷やす。
4. 10 等分に切ったら、完成。

・ ・ ・

O

03

04

05

...

O

Oyatsu _ 04

ベリーのアイスクリーム

ポリフェノールたっぷりのベリーと、ビタミンたっぷりのいちご
や食物繊維豊富なバナナ、タンパク質の生成に欠かせない
プロテイン。材料は美ボディとお肌にいいものだけだよ。

材料／3〜4人分
お好みのミルク
（豆乳、アーモンドミルク、牛乳）
…… 50ml
甘酒 …… 150ml
生クリーム …… 50ml
卵黄 …… 1個分
バナナ …… 1/2本
いちご …… 40g
お好みのドライフルーツ …… 20g
プロテイン …… 適宜
お好みのベリー類 …… 適宜
ミント …… 適宜

||||| **How to** |||||

1. ボウルに卵黄を入れて、もっ
   たりするまで泡立て器で混ぜる。
2. ミキサーに1、ミルク、甘酒、
   生クリーム、バナナ、いちご、
   ドライフルーツ、プロテインを
   混ぜ合わせ、バットやタッパー
   に流し入れて冷凍庫で固める。
3. 器に2をスプーンなどですく
   い入れ、お好みのベリー、ミ
   ントを飾る。

Oyatsu _ 05

甘酒ブランマンジェ
マンゴーソースがけ

砂糖未使用。甘酒と豆乳の優しい甘味に舌鼓を打つブラン
マンジェ。甘酸っぱいマンゴーソースはビタミンたっぷりでお
いしく、ヘルシー。お菓子作り初心者でも簡単にできるレシピ。

材料／3〜4人分
ヨーグルト …… 200g
甘酒 …… 200ml
ゼラチン …… 10g
水 …… 50ml

● マンゴーソース
冷凍マンゴー …… 100g
レモン汁 …… 少々

||||| **How to** |||||

1. ヨーグルト、甘酒を混ぜ合わせておく。
2. ゼラチン、水を混ぜ合わせてレンジ
   で30秒程度加熱し、1に加える。泡
   立て器でよく混ぜ合わせたら、お好き
   な容器に入れて固める。
3. ソースの材料をミキサーにかけ、固
   まった2にかけていただく。

Rika Izumi　——　RIKAtoZ　/ **Oyatsu & Osake**

01

02

03

O

Osake _ 01　　　　　　　　ジンジャーカクテル

アルコール発酵させた原液を蒸留して作られる"蒸留酒"であるウイスキーは、
製造工程でアルコールが抜けるので、糖質はゼロ。体を温めてくれるジンジャー
と混ぜ合わせれば、女のコの大敵"冷え"に立ち向かってくれる。

材料 ／ 1杯分
ウイスキー ……… お好みの量
柑橘系のジャム ……… 大さじ1程度
しょうが（スライス）……… お好みの量
炭酸水 ……… 適宜

‖‖‖ **How to** ‖‖‖

1. グラスに柑橘系のジャム、しょうがを加えて氷
を入れる。
2. 1にウイスキー、炭酸水を注ぐ。

• • •

Osake _ 02　　　　　　　　ルイボスティー割り

ウイスキーと同じく蒸留酒の1つである焼酎も糖質はゼロ。割りもののルイボス
ティーは体内の活性酸素を取り除いて代謝アップが狙えるフラボノイドを配合。
カフェインレスなところも素晴らしい。

材料 ／ 1杯分
焼酎 ……… お好みの量
ルイボスティー ……… お好みの量

‖‖‖ **How to** ‖‖‖

焼酎をルイボスティーで割ってお好みの濃さに。ルイ
ボスティーはホットでもおいしい。

O

• • •

Osake _ 03　　　　　　　　サングリア

ワインにフルーツを漬け込むサングリアは、ポリフェノールたっぷりの赤ワインで
作るのがオススメ。それだけでも抗酸化作用が高いところにフルーツに含まれる
ビタミンやカリウムを混ぜ合わせれば、美肌効果が一層アップ。

材料 ／ デキャンタ1つ分
赤ワイン ……… 750ml
オレンジ ……… 1個
りんご ……… 1/2個
ブルーベリー ……… 30g
レモングラス ……… 2-3g

‖‖‖ **How to** ‖‖‖

オレンジ、りんごを輪切りにして他の材料とともに赤ワインに漬
け込む。1時間ほど漬け込めば十分味が染み込む。時間に
余裕があるときは一晩漬け込むと、よりコクのある味わいに。

01

02

O

03

カリフラワーのパクチーチーズフリット

レモンに負けないくらいビタミン C が豊富で、ビタミン B 群が代謝を助けてくれるカリフラワーなら、フリットにしても罪悪感軽減。味わいのアクセント、パクチーにはデトックス作用が。

材料／2人分
カリフラワー ……… 1/6 株
卵 ……… 1個
粉チーズ ……… 大さじ 2
片栗粉 ……… 大さじ 2
パクチー ……… お好みの量
塩、ブラックペッパー ……… 少々

|||| **How to** ||||

1. カリフラワーは一口サイズに切り分けて茹でる。
2. 卵を溶いて、粉チーズ、片栗粉、細かく刻んだパクチーを加えて、さっくり混ぜ合わせる。
3. 1を2にくぐらせて、多めにひいたオリーブオイルで揚げ焼きにする。仕上げに塩、ブラックペッパーを振る。

• • •

魚介マリネ

オメガ 3 系の脂肪酸を含んだエビ、タコ、ホタテをオリーブオイルやレモン、お酢など美容に効果テキメンとされる素材と和えた、美ボディメイクのためのおつまみ。ワインと相思相愛♡

材料／2人分
むきエビ（もしくは茹でエビ）……… 8尾
茹でタコ ……… 100g
ホタテの貝柱 ……… 5個
オリーブオイル ……… 大さじ 2
にんにく ……… 1 かけ
パセリ ……… 少々
レモン ……… 1/3 個
ラディッシュ ……… 2 個

● マリネ液
酢 ……… 大さじ 2
塩、こしょう ……… 少々
イタリアンパセリ ……… 適宜

|||| **How to** ||||

1. むきエビを茹でる（茹でエビの場合はそのまま殻をむく）。茹でタコは食べやすい大きさに切る。パセリはみじん切りにし、レモン、ラディッシュは輪切りにする。
2. フライパンにオリーブオイル、みじん切りにしたにんにくを加えて弱火で熱し、ホタテの貝柱を両面焼く。
3. タッパーなどにあらかじめ混ぜ合わせておいたマリネ液に 1 のエビ、タコ、パセリ、レモンと 2 を加えて 15 分程度漬けておく。器に盛り、ラディッシュを添える。ホタテの貝柱は焼いたときに出た汁ごと加えると、旨味が加わり、よりおいしくなる。

O

• • •

ブロッコリースプラウトと桜エビの和え物

白髪予防にうってつけのブロッコリースプラウトに、アスタキサンチン、EPA、ビタミン、ミネラル、グリシンなどダイエット＆美肌効果の高い成分を多く含む桜エビを和えた、美人度アップのレシピ。

材料／2人分
ブロッコリースプラウト ……… 1パック
桜エビ ……… 大さじ 2
ラー油 ……… 少々
ごま ……… 小さじ 1

|||| **How to** ||||

1. ブブロッコリースプラウトは石づきを除き、洗って水を切っておく。
2. 1と桜エビ、ラー油、ごまを混ぜ合わせたら、できあがり。

Protein

....

プロテイン

プロテインと
アミノ酸は
美ボディの親友

　ワークアウトをするときに必ず摂るようにしているプロテインとアミノ酸。運動効率を上げてくれるし、肌にハリが出るからボディメイクと切り離せない存在だということは確信しています。それに、なんといっても感覚的に元気になれる気がするから（笑）、積極的に摂取しているかな。

　その正体はタンパク質なわけなんだけど、1日に必要な量をすべて食材から摂るのは至難の技。毎日、動物性タンパク質と植物性タンパク質を摂るようにはしているけど、すべてを食事でまかなおうとすると膨大な量になってしまうからプロテインとアミノ酸の力を借りて、不足分を効率良くフォローしているイメージ。

　私の知識はどこかぼんやりしているので、今回、この本の監修でお世話になった管理栄養士の板橋里麻さんにギモンをぶつけてみました。ページをめくって、一緒に勉強しましょ。

プロテインと
アミノ酸の

Q & A

・質問と答え・

Question _ 01

プロテインとアミノ酸はどう体にいいの？（里香）

健康な肌や筋肉を作ってくれます。（里麻）
プロテイン、アミノ酸はともに体の構成成分の中で
水の次に多いもの。お肌や筋肉、体の組織を作る
のに欠かせない成分になるので、不足すると組織
が作られなくなってしまいます。それはつまり、肌、
筋肉の劣化につながってしまうということ。ちなみに、
アミノ酸の塊がプロテイン。プロテイン＝タンパク質、
アミノ酸＝プロテインを消化しやすい形にしたもの。
つまり両者は同じものなのです。アミノ酸のほうが
胃腸に負担がかかりにくく、吸収されやすい性質。

Question _ 02

プロテインとアミノ酸を摂るベストタイミングは？（里香）

運動前後がオススメ。（里麻）
目的によって選ぶ必要がありますが、例えばダイ
エット目的なら運動前にプロテインや BCAA と書い
てあるアミノ酸を！　BCCA とは Branched Chain
Amino Acid（分岐鎖アミノ酸）のこと。運動時の
筋肉のエネルギー源となる必須アミノ酸です。体内
で作ることができない必須アミノ酸でもあるバリン、
ロイシン、イソロイシンがこれにあたり、私たちの
筋肉を構成するタンパク質（筋タンパク質）に含ま
れる必須アミノ酸の約 35% を占めるなど、筋肉の
エネルギー代謝に深く関わっています。運動後には
一般的なアミノ酸を摂取すれば OK だと思いますよ。

P

Question _ 03

1日に摂るプロテインとアミノ酸の適量は？（里香）

体重 × 1.5g が目安。（里麻）
その人の体の組成や運動量によって多少の差はあるものの、成人女性が 1 日に摂取するべきタンパク質量の目
安は、定期的に運動を行なっている人で「体重 × 1.5g」と言われています。食事で不足するタンパク質をプロ
テイン、アミノ酸で補うのが効率的です。

— For Example —

体重50kgの女性の場合
1日に必要なタンパク質量は50×1.5=75g。
これは1食あたり約20〜25gに相当します。
朝食で20g、昼食で25g、夕食で25g摂れたらベスト！

— 代表的な食材に含まれるタンパク質の量 —

鶏むね肉100g → 22g
サラダチキン1個(110g) → 24g
牛ももステーキ100g → 21g
豚ロース肉100g → 27g
卵1個 → 6g
納豆1パック → 8.5g

これであなたもプロテイン＆アミノ酸博士
正しい知識と摂り方 Q&A

Question _ 04

プロテインとアミノ酸はお料理や飲み物に混ぜても大丈夫?
相性のいいレシピがあったら教えて。（里香）

冷たいものに少量混ぜるのがオススメ。（里麻）

レシピに混ぜても問題ないですが、独特の香りがあるので、あまり大量に入れると味がイマイチになる可能性
が大。温かいもので溶かすと匂いが気になる場合が多いようです。よほどグツグツ煮込んだり、時間をおいた
りしない限り、成分に変化はないものが多いようなので、そこはご安心を!

— オススメの組み合わせ —

1. スープ
無味のアミノ酸、プロテインをスープにティースプーン1杯程度加える。

2. シチュー、カレー
味の濃いものに加えると、量がそれなりに多くても風味が気になりづらい。

3. スムージー
非加熱で成分の変性も気にならない。
フルーツを多めにしたり、豆乳などを加えることでよりおいしく飲むことが可能。

4. ココア、100%果汁のジュース
がっつり運動する前は筋肉への糖質補給にもなる組み合わせ。

P

Question _ 05

アミノ酸は水とお白湯のどっちで飲むのがいい?（里香）

どちらでも OK です。（里麻）
商品によって異なりますが、一般的にお湯で変性
することはあまりないようです。体の冷えが気になる
人はお白湯で飲むのもいいと思います。念のため、
手元にあるアミノ酸のパッケージに記載されている
詳細をチェックしてください。

Question _ 06

プロテインを飲むと太りやすくなるって本当?（里香）

本当です!（里麻）
プロテイン飲料は飲みやすくするために糖質や脂質
も多く含んでいるものが多いです。選ぶ際に成分を
きちんとチェックして、なるべくピュアなものを購入す
るようにしましょう。また、牛乳など割るもののチョ
イスによっては乳脂肪を多く摂ってしまいがち。割る
ものを水にしたり、運動量が少ない日は量を少なめ
にするなど、カロリーを計算しながら飲むのが安心。

Qyu!!!

キュッ!!!

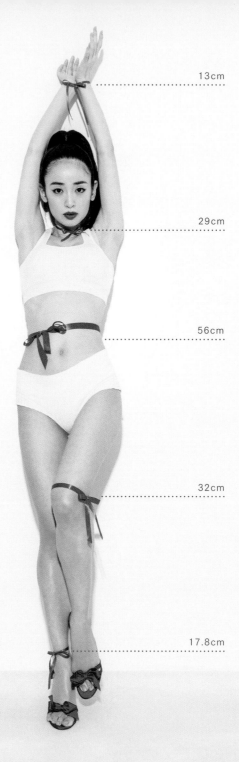

13cm

29cm

56cm

32cm

17.8cm

メリハリボディの作り方

Q

首、首、首。冷えたくないパーツのケアハウスィ！　胸元が開いたケアハウスィ！　のイメージ。首、手首、足首、このウエストッ！　この４ヶ所がキュッとしていたらボディラインにメリハリが登場。スタイルが良く見えると思いませんか？　リンパを流しながらマッサージすればスラリ。私は首も顔だと思っているから、質感も大事にしてるよ。冷えが気になるときはレッグウォーマーや足首に巻きつけるカイロで温めてます。手首と足首は冷やさないようになるべく心がけてる。冷えが気になるときはレッグウォーマーや足首に巻きつけるカイロで温めてます。ウエストだけはトレーニングで引き締めるしかないっていうのが私の最終結論。キュッとする日を夢見てコツコツ頑張ろっ！　みをほぐすのを習慣にすれば華奢にできる気がして、暇さえあればくるぶしやアキレス腱の周りをもみ、もみ。これが結構痛いんです。

メリハリボディには
プレッツェルが効果的

Q

プレッツェルとは、体幹の周りの筋肉をほぐすストレッチのこと。多くのアスリートたちが日々のトレーニングに取り入れていることでも有名。実践することで、体のメリハリの鍵を握るウエストを効率的にシェイプできます。地味な動きだとあなどることなかれ。どこに効いているか、どこが伸びているかを意識して毎日実践すると、あら不思議。みるみるくびれができていくので、乞うご期待♡

/ プレッツェル /

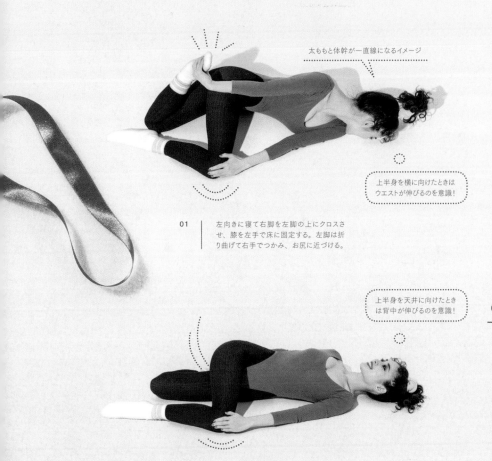

太ももと体幹が一直線になるイメージ

上半身を横に向けたときはウエストが伸びるのを意識！

01 左向きに寝て右脚を左脚の上にクロスさせ、膝を左手で床に固定する。左脚は折り曲げて右手でつかみ、お尻に近づける。

上半身を天井に向けたときは背中が伸びるのを意識！

02 そのままの姿勢で上半身を開いて、閉じる。開くときに息を吐くことで同時にウエストから引き締まるのを意識。この動きを10回×3セット。反対側も同様に。

Rika

リカ

R

トライ＆エラーを繰り返したからこそ、今がある

　私がモデルの仕事をスタートしたのは 14 歳のとき。美容に興味を持つようになったのはその頃だったと思います。その後、19 歳で雑誌『Ray』の専属モデルになったんだけど、当時のメンバーはプロポーションが素晴らしい人ばかり。私も決して太っていたわけではないものの、みんなに比べたらプニプニしていたんですよね。ある日、撮影でデニムが入らなかったことがあったんですよ。そしたら編集さんが別のモデルさんに「はいてみて」ってそのデニムを回して。目の前で彼女がスルリとはくのを見たときのショックといったら、今でも思い出すと涙が出てきそうになるくらい！　言葉で何か言われたわけじゃないのに、「これって、痩せなさいってことですよね？」っていう空気をひしひしと感じて……。雑誌は発売日によって撮影週が決まっているから、そこに照準を合わせてなんとか痩せようと努力していたものの、思い返すと失敗ばかり。20 代前半までは、話題になったダイエットをかたっぱしから試しては挫折する日々を繰り返していました。撮影の現場に行くとモデルやスタッフのみんなが四六時中、最新のダイエットの話ばかりしているから、どんどん情報過多で頭でっかちに。"〇〇だけしか食べないダイエット" だけでも、りんご、バナナ、こんにゃく、納豆 1 パック、グレープフルーツ、ヨーグルト、燃焼野菜スープ……とにかくなんでもやったなぁ……。でも、トライした直後は体重が減るのに、必ずと言っていいほどリバウンド。極端な節制をしてるから、反動でドカ食いに走りがちになってしまって。そもそも、そんな偏った食生活が続く訳がないから心が折れちゃう。栄養バランスも崩れて、肌や髪もガサガサになって「そりゃそうなるよね、何やってるんだろ私……」って、何度も虚しい気持ちになりました。中でも一番ヘビーだったのが、"寝たきり" ダイエット。名前からしてめちゃくちゃ怖いですよね（笑）？　その名の通り、寝たまま動かずに、ごはんも食べずに過ごすダイエットなんです。当時、運動すると体が大きくなりやすいのに悩んでいて「ムキムキ感をなくして脚を細くしたい」って思ってたときにたまたま出会って。仕事がお休みの日をこのダイエットに当てて、最長 5 日間、ベッドに寝たまま断食。結果は散々でした。（笑）。固形物を何も食べずに過ごしているだけあって、たしかに体重は減るし華奢にもなるんですよ。ちゃんと生きていられたし、幸い、生理が止まったりすることもなかったんだけど……全然健康的じゃなかった！　久しぶりに外に出たら膝と足首がズキズキ。まともに歩けないし階段を降りるときにも関節が痛むんです。もはや、拷問！　いくら痩せたいからってこんなに健康を害してしまったら、本末転倒ですよね。しばらくすると、断食のストレスでリバウンドして余計に太っちゃって、精神的にも参ってしまった。あの壮

絶なエラーを境に続かないことを取り入れても無駄だということを実感。食事制限は一旦休憩することにしました。「食事系ダイエットがダメなら運動するしかない」と思って、今度はジムに通い始めたんです。でも、またすぐに挫折。筋肉がつきやすい体質のせいで体が余計に大きくなっていく感覚があって。でもそれを周囲の人に相談すると「運動して太るわけないじゃん。続けてれば細くなるよ」って言われて、訳がわからなくなって。「私のただの言い訳かな？」なんて思ったりして、やみくもに続けてました。今でこそ、トレーニングに関する正しい知識が身について、女のコがどんなにハードにトレーニングしても体が大きくなりすぎることはないことがわかるんだけど、当時はまだまだ未熟者。次から次へと出てくる最新ダイエット情報に、ただただ振り回されていたなぁ……。今となっては懐かしい思い出です。笑い飛ばせる自分になれて、良かった（笑）。

モデル人生を変えた運命のトレーニングとの出合い

　そんなダイエットのモヤモヤ期に出会ったのが、この本のトレーニングパートの監修でもお世話になった『E-STRETCH GYM』の武田裕希先生。25 歳のとき、雑誌の撮影の現場で偶然知り合ったんです。その日のうちに「試しに来てみて」と声をかけてくれたので行ってみたら、武田先生の指導が私の性格と体質にぴったり！　それまでもパーソナルトレーニングに通った経験はあったんです。どの先生もそれぞれすごく素晴らしかったんですが、私、トレーニング中にめちゃくちゃ質問するタイプなんです。それに根気強く答えてくれたのが武田先生だったっていうのもあります（笑）。私はもともと体が柔らかくて関節の可動域が広い体質なんですが、それまでトレーニングをする上で特に着目されたことはなかった。でも、武田先生が私には広すぎる可動域をロックするための筋肉が足りないことを指摘してくれたんです。武田先生のところに通うようになって、自分の体のクセが直る感覚が実感できて「ここなら通い続けられそう！」って思えたんですよね。まさに、運命の出会い。私のボディメイクの歴史はここから始まったと言っても過言ではないと思います。

　とはいえ、初めの頃はちっとも続かなくて（笑）。「週1回通う」って意気込んでいたくせに、月に1回しか行けなかったり。2ヶ月くらい間が空くこともしょっちゅう。でも、どこかで「本気で通う！」っていうスイッチが入ったんですよね。それがいつなのかはわからないけど、気がついたらとにかくひたむきにトレーニングに通っている私がいた。しばらく続けるうちに「これを人生ラストのダイエットにしよう！」って意識するようになってきて。このときの私は 25 歳。これから先の人生のことを思ったとき、モデルの仕事を続けていきた

いってことだけは、はっきりと思えたんですよね。当時『Ray』で人気が出てきたと言ってもらえていたものの、ソロで表紙に起用してもらえるほどではなくて。雑誌『美人百花』にも呼んでもらえるようになったけど、ほとんどがスナップページ。徐々に「若さに頼らないでちゃんとやらなきゃ」っていう気持ちがムクムクと芽生えてきて。自分に言い訳するのにも飽きたし、ボディメイクから逃げないで「変わらなきゃ」って思って。食事制限系のダイエットには惨敗してきたから、トレーニングを人生に取り込むのが理想のプロポーションを作るための最短距離な気がして、本腰を入れました。

日々の努力がハッピーサイクルを連れてきた♡

一度、頑張ると決めたら、ストイックな私。どんなに仕事が忙しくても最低月に4回は武田先生のトレーニングを受けるようになったんです。そうして、1年半が経ったくらいからかな？ 撮影の現場で「体がキレイだね」って徐々に周りから褒めてもらえることが増えたんです。自分でも体にメリハリが出てきた実感があったからテンションがアップ♪ 成果を実感できるとつらいだけだったトレーニングが徐々に楽しくなってきて、みるみる体が変わっていく。そうこうしているうちに、初のスタイルブックを出版させてもらうことが決まったんです。その中で、人生で初めて露出の高い撮影をすることも決まって、さらにトレーニングに気合を入れ直しました。栄養素のこともきちんと勉強して、正しい食事制限を取り入れられるようになったので、ボディメイクがより効率的に。ちょっぴり大胆なランジェリーカットにも挑むことができました。

当時、今ほど知名度のなかった私が本を出せるなんて、きっと人生、最初で最後。そのときできる最大の努力をして、今の自分を閉じ込めておきたいって思ったのがすべてのモチベーションにつながった。いつかおばあちゃんになったときにこの本を孫に見せて「おばあちゃん、若い頃はこんなだったんだよ」って自慢できたらいいなって妄想を膨らませていました♡ 肌を見せるカットはこのスタイルブックの中だけのいい思い出にしようと決めていたのですが……。人生って何が起こるかわからないですよね。本の中のランジェリーカットがグラビア関係者の目に留まって、漫画誌『週刊ヤングジャンプ』のグラビアのカバーを飾らせていただけることになったんです。それって、ものすごく光栄なこと。でも、直前まで決心がつかずに迷っていたんです。芸能生活におけるビッグチャンスなのは理解した上で、やっぱり気が進まない自分がいて……。水着の写真で全国誌に載ることが両親に心配をかけてしまうかもしれないのも気がかりだったんですよね。撮影の1週間前に「やっぱり辞退したい」ってマネージャーさんに伝えたのを今でもはっきり覚えていま

す。でも、社会人としてさすがにそのドタキャンはあり得ないのも頭でわかっていて、ジレンマ……。そんな風にうだうだしているうちに、ロケの日が迫って、いよいよ逃げきれなくなってしまい、腹をくくって沖縄へ！ 結果的に、スタッフも気心知れた人しかいなかったからリラックスして撮影できたこともあって、お気に入りの写真ばかり。赤いビキニで臨んだあのカバーが私の名前を全国に広めてくれました。あのカバーはまさに人生の転機でした。今となっては「私の優柔不断、ありがとう」って自分で自分に感謝（笑）。それに、あのときの『ヤンジャン』が作り上げてくれた泉里香のパブリックイメージをキープするために、ボディメイクをサボれなくなってしまって（笑）。「スタイルをキープしなきゃ」っていう使命感が自然と芽生えてきたんです。そこからは、自分で自分を追い込むのがすっかり当たり前に。モデルとしての人生にいい意味で緊張感が生まれて、良かったなって思います。

ボディメイクは3ヶ月スパンで調整するのが里香流

自称ストイックな私でさえ、ダイエットは本当に億劫。でも、モデルという職業上、頑張らなっちゃいので、徐々に気持ちを作っていきます。筋肉のベースがある程度整えられた今の私にとって必要なスパンは3ヶ月。この本と同時発売になる2nd写真集は夏のうちに12月に撮影すると決まっていたので、9月くらいから準備をスタート。とはいえ、最初はただなんとなく意識している程度。「やんなきゃいけないよなー」って口に出して自分に「ダイエットするぞ！」って言い聞かせ始めるだけ（笑）。ちゃんと取り組むのは撮影の2ヶ月前くらいから。この頃からジムに通う頻度を上げていきます。10日に1回通っていたとしたら、1週間に1回にするとか、なんとなく、微妙に回数を増やして体を慣らしていくのがミソ。ジムに通うことはトレーニングだけじゃなく食事制限にも効果的。運動すると自然と「食事もコントロールしなきゃ」って思うようになるんですよ。あんなにしんどいトレーニングを余計なカロリーをとってチャラにするなんてもったいなさすぎるから（笑）！

食事制限は、まずゴールの3ヶ月前に夕食の糖質を控えるところからスタート。私、炭水化物が大好きなんです。この本のCのカテゴリーでも語っちゃいましたが、炊きたてのコシヒカリが大好きなので、断腸の思いで夕食の白米をカット。それから、わかりやすいところで、麺とパンは、控えます。友達とお鍋をつついても締めの麺は我慢。これが地味につらい！ 意外な落とし穴で糖質は調味料にも含まれていることがあるので、その点も念頭に置きながら食事の摂取量を考えていきます。大好きなおやつをつまむのもやめて、好きな食べ物は食べ納めを始めます（笑）。「これで、もうしば

らく食べられないなー！ 味覚えとこ」って健気な気持ちで、ダイエットが成功するまでしばしの別れを決意します。小腹が空いたときにオススメなのが野菜。レタスの葉っぱを携帯用保存袋に入れて現場に持って行って、ロケバスでちぎって食べてたことも。今でもおやつとしてミニトマトを持ち歩いたりしています。もしどうしても甘いものやしょっぱいものが食べたくなったときは、本当においしい味のものを少しだけ食べるって決めています。例えばチョコレートでもチープな味のものだと、どんなに食べても満たされなくてどんどん食べちゃったりするんだけど、味がしっかりしたプラリネだったら1個ですごく満たされるじゃないですか。結果、それがおやつの量を減らすことにつながるんです。

　撮影まで1ヶ月をきったくらいからはかなりストイックに。本腰を入れ始めるとやり方が0か100しかなくなるタイプ。ここまできたら徹底的に食事制限をします。糖質は1食40gまでにセーブ。夜はできるだけカットします。糖質を減らすと反比例して、タンパク質の量を増やしていきます。昼と夜のメインディッシュはタンパク質。お肉かお魚の動物性と、豆腐、納豆などの植物性タンパク質をバランス良く摂って、筋肉の生成と脂肪燃焼アップにアプローチ。ダイエットがうまくいき始めると、脂肪の減少に伴って体が冷えやすくなるので、冷え対策も万全に。温かいお茶を飲んで体を温めながら、野菜や青魚など良質なタンパク質、脂質を積極的に摂ります。この時期、魚のお刺身を食べる機会も増えるんですが、良質な油が摂れるので肌や髪のツヤをキープする意味でも頼りにしています。食事をコントロールしている間も、必要な栄養素をバランス良く摂る意識は大切にするのがモットー。お茶はなんでも好きだから、家にいろいろと置いています。はと麦茶、ルイボスティー、緑茶、紅茶……時間に余裕があるときは抹茶をたてることも。カフェインが入っているものが好きだから、ストレスを溜めないためにも好きな種類のお茶を飲んでます。冷えとか、夜飲むと頭が覚醒するとかマイナスのイメージが付きまといがちなカフェインだけど、利尿作用もあるし、殺菌効果も高かったりと、理解して上手に付き合えば意外と美容に役立ってくれる一面もあるので、私は肯定派です。

食事をするときはメニューを栄養素に自動変換

　ダイエットって辞書で引くと"健康維持・生命維持のためにヒトや動物、生物が日々続けるもの"って書いてある。それってつまりは正しい生活習慣のこと。だとしたら生活の中に無理なく続けられる痩せリズムを組み込んじゃうのが絶対に有効だと思うんですよね。食事をコントロールするにあたって栄養素の正しい知識を身に付けたいので、日頃から勉強もしているんです。そんな私の脳内には栄養素を見分

けるセンサーが内蔵されているの（笑）。レストランでメニューを見た瞬間に「カレー……ピピピ（私の脳内センサーの音です！）……炭水化物」「ステーキ……ピピピ……タンパク質」「パスタ……ピピピ……炭水化物」。「さあ、今の里香はどれを選ぶ？」って自分に問いかけるのがクセになってる。その時期にダイエットしているかいないかで内容をアレンジして。自分を甘やかすことだって、全然あります。でも、もし糖質や脂質を選んだとしたら、それは頭の片隅に絶対メモ。お昼にミートソーススパゲティを食べたとしたら、その日の夕食は糖質を控えてタンパク質だけにするとか。昼が撮影で夜がテレビの収録だとしたら現場ではお弁当をいただくから、朝のうちにタンパク質をたくさん食べておこうとか。1日の中で栄養バランスの良い食事をするように心がけています。

　もう1つ、食事をするときは血糖値が急激に上昇しないような食べ順を意識。"GL（Glycemic Load）値"というものがあるんですが、この値が低い食品ほど、口にしたときの血糖値の上昇が穏やかになるんです。ちなみに、GL値は食後血糖値の上昇度を示す指標"GI（Glycemic Index）値"とGI値に糖質の量を加味したもの。血糖値が急激に上がると、すい臓からインスリンが過剰に分泌されて、余ったエネルギー源が脂肪として蓄えられやすくなってしまう。つまり、血糖値の上昇が穏やかな食べ物を口にするように習慣づけるだけで痩せ体質が目指せるということ。でも、お腹が空いているときって、GL値の高いものをメインにしたくなるものなんですよね。少なくとも、私はそう。そんなときは、ベジファースト作戦を決行。GL値の低い葉物の野菜を最初に食べることで、血糖値の上昇を緩やかにします。例えば、パスタを食べる前にサラダを食べるとか、そういうこと。それから、早食いも血糖値の急上昇につながるので、食事はなるべく噛んでゆっくり時間をかけるのがベター。意外とシンプルなんだけど、このワンクッションも"塵も積もれば山となる"と思うんです。フルーツや野菜の中にも数値にバラつきがあって、意外だと感じることも多いですよ。雑学として楽しいので、是非、いろいろ調べて情報を集めてみてくださいね。私もまだまだ勉強中で糖質量について書かれている本を持っていて、移動中なんかにしょっちゅう読んでいます。頭に入れておくだけで、きっといいことがあると思うんです。

　ダイエットは貯金。毎日のちょっとしたことで絶対変わると思うんです。「明日からダイエットするから、今日は食べちゃえ」のマインドを卒業して、ちょっとでも努力を積み重ねていけば、少しずつ、でも確実に変わっていけるんじゃないかな。少なくとも、私はそうだった気がします。

水分を積極的に摂って巡りのいい体をキープ

　お水が大好きで、基本的によく飲むタイプ。ちゃんと計算はしてないけれど、1日に最低でも2Lは飲んでいます。体が冷えないように、常温以上の温度で飲むのが絶対的なマイルール。「あんまり水を飲みすぎると、むくむよ」ってアドバイスされることもあるけど、私は「だったらそれでいいじゃん」って思っていて。大人になるとむくんでいるくらいが肌にハリが出てちょうどいい気がするんですよね。女性はちょっとくらいぷにっとしているほうが絶対に可愛い。水をこまめに飲むと老廃物が外に出やすくなるから肌色がトーンアップするところも見逃せない。それから、便秘対策にもってつけなんです。起きたらすぐにコップ1杯のお白湯を飲むのが習慣。朝はどんなに集合が早い日でも出発する2時間前には起きるようにしています。この早起きも、腸を活性化させるためのポイントかもしれません。

鏡とはストイックに、体重計とはラフにお付き合い

　私は常に鏡に自分を監視させています。着替え場所はいつだって鏡の前でしょ。お風呂から上がったらすぐに洗面所の鏡の前に立つことになるし、リビングにも姿見を置いているからすぐに全身を映すことができる。着替えるときはクローゼットの近くに置いている鏡で全身が見られるし、仕事の現場に出かけても、着替えるときは大体メイクルームの鏡の前。そうすると、必然的に四六時中ボディチェックせざるを得なくなるんですよ。「ちょっとお腹が出てちゃうかも」とか「腰回りにお肉がついてきた」とかね。ちなみに私がマストでチェックするパーツはウエストのくびれとお尻。「もっと上がれ」って念じながらギュッと持ち上げたりしています。もし、家の中に鏡を1ヶ所しか設置できないとしたら、着替える場所に姿見を置くのがオススメ。1日1回でも、まっさらな自分のシルエットと向き合うだけで、ボディラインに対する意識が変わるよ。

　そんな風に視覚でのボディチェックに余念がない私ですが、体重はあまり気にしない主義なんです。普段が〇〇kgでお腹が減っているときが〇〇kgくらい。お腹いっぱいだと〇〇kgくらい。まずはこの3つのコンディションを知っておくことが大事だと思う。で、〇〇kgを超えたら「ダイエットしようかな」ってスイッチを入れるようにしてる。軸となる体重から増えていいのは多くて2kgまで。それを越えたらすぐにリセットするのを習慣にすれば、スタイルキープは意外と簡単。定期的に体重をチェックする一方で、私、体重が増えていそうな日はなるべく体重計に乗らないようにしてるんですよ。なんでって、増えてたら落ち込むじゃん！　それより

も、今日いい感じっていう日に堂々と体重計に乗って「痩せてる♪」って思うほうがボディテンションが上がるよね？　そういうポジティブな発想もボディメイクには絶対に不可欠。お腹が空いたときも「ダイエット中で食べられなくてつらい」んじゃなくて「わー、こんなにお腹がすいてるってことは余計な脂肪が燃えてる」って思い込むとか。「こんなに我慢したんだから、絶対にめっちゃ痩せてる」って信じて、自分におまじないをかけます。これは完全に持論だけど「最近、痩せちゃってさ」って言葉をどんどん口に出していくといいと思う。要は脳に暗示をかけてあげるってことなんだけど、これが想像以上に効果を発揮すると思うの。私「これを食べたら太っちゃう」って思いながら何かを口にすることは絶対になくて。何かを食べるときは「楽しいから食べちゃおう」か「おいしいから食べちゃおう」のどちらかのマインドにするって決めてる。そのほうが、余計な脂肪がつきにくい気がするからオススメです。ダイエットも"気から"の部分、あると思うよ。

ボディメイクと真摯に向き合った実写版"ナミ"

　斎藤工さんと一緒に出演させていただいている求人検索エンジン『Indeed Japan』のCM。オンエア開始直後からさまざまなキャラクターに扮してきましたが、中でも一番話題になったのが人気コミック『ONE PIECE』の"麦わらの一味"とのコラボ。私はなんと、ナミ役に挑戦させていただきました！　あのフィギュアみたいなスタイルを再現するのは本当に至難の業。撮影の2ヶ月くらい前に、マネージャーさんから「次、『ONE PIECE』をやるっぽいですよ」っていう予告がありました。でもその時点ではまだ決定じゃなかったからソワソワしながら過ごしていたんです。そしたら、その半月後に「本当にやるっぽいです。泉さんはナミ役です」って伝えられて「え————！」って（笑）。めちゃくちゃびっくりしたし、未だかつてないほどのプレッシャーを感じたけど、それより嬉しさのほうが100倍くらい大きくて。もともと大好きな漫画だし、あの作品が実写化されるのはとんでもなくレアなことで。ファンがたくさんいる作品でもあるし、やるからには徹底的になりきりたいって一気にボディメイクにギアが入りました。ナミボディのポイントはなんと言ってもグラマラスなバストと思いきりシェイプされたウエスト。とにかく、くびれを作らないと話にならないから、里香史上最強の腹筋メニューを武田先生に組んでもらって、本当に、本気でむちゃくちゃ頑張りました。とにかくウエストのくびれ作りに一点集中。ナミのイラストを見たり、外国の女の人のビキニの写真をSNSで集めたりして、「この横筋を出したい」「ここは縦筋も欲しいな」とかオーダーしながらトレーニングに明け暮れていました。もう無敵だった、あのときの腹筋。トレーニング中に武田先生が私に負荷をかける

R

のがしんどくなって息切れしちゃうレベルでした（笑）。どんなメニューが来ても簡単にできちゃうから「もっと負荷かけてください」「もっとすごいメニューください」みたいな感じ。その頃、ジムへは1週間に1回くらい通っている時期だったんだけど、「ナミになる！」って決めてからは毎日ジムに通いました。ストイックなタイプなんで、やると決めたらやるんです。並行して食事も改善。腹筋をキレイに出すためには、結局、体脂肪を落とさないといけないんです。じゃないと筋が出てこないので、タンパク質と野菜中心の食生活にスイッチ。自宅での食事はお豆腐と納豆がメイン。外では動物性、お家にいるときは植物性タンパク質を摂ってバランスをとっていました。むくまないように調味料はなるべく塩分を控えめに。お腹がすいたら撮影の現場でちょっとだけおかずをつまんだりするんだけど、それも栄養素を考えながらなるべく控えめに。魚or肉、豆腐、キムチ、海藻あたりを組み合わせて、糖質は極力控えることに。お腹がぺこぺこだったらチキンを1枚焼いたり、鯖を焼いたり。もうこの頃になるとボディビルダーみたいになってます（笑）。お腹の筋をキレイに出すために、撮影当日は水分を極限まで控えたのもポイント。あのナミは誠心誠意、やりきったって胸を張って言えます。努力は報われることも実証できて、今後の人生における糧にもなりました。

地道な努力を積み重ねてエイジレスなボディに

　20代後半に集中的にトレーニングをして、ある程度ボディラインのベースを整えることができたので、ここから先は現状維持が目標。ベースとなるスタイルを作り上げるまではストイックな努力も必要だけど、一度できてしまうとそこから先は意外とラクにキープしていけるんですよ。それだけでも、体を作り上げた5年の歳月は無駄じゃなかったって思えます。例えば、食べすぎてしまった日があったとしても、翌日、運動や食事の内容をコントロールすればリセットするのはそんなに苦じゃなくて。だから、まずは一度ベースを持つことが大事。1年間、月に2～3回でもいいからトレーニングを続けたら、ベースができるんじゃないかな。そんな風に語っている私も、ジム通いを続けるのはラクじゃなくて。いざ行っちゃえば「やるしかない」って思えて頑張れるんだけど、いつも腰が重くて……。ちょっとでも時間が空くと心が折れそうになって、そのたびに「今まで頑張った分がチャラになってもいいの？」って自分のことを叱咤激励してます。それに、30歳を過ぎたくらいから、思い通りにボディラインがデザインできないもどかしさを感じるようになってきたんですよね。これまでと同じメニューをこなしても、体が思うような答えをくれないから、基本的な筋トレをベースに年齢相応のアレンジを加えていこうと画策中。大人になるにつれて、運動、

休息、栄養のうち1つでも乱れると体の調子が整わない。仕事のパフォーマンスも下がってしまうので、なるべく規則正しい生活を意識。体の関節も年齢とともに固まりやすくなると聞いてからは、ボディラインに影響が出ないよう、可動域を広くできるように心がけています。

　キレイなボディはうっとりするような肌の質感なくして語れないから、スキンケアも徹底的に。一般的に顔のスキンケアとボディのお手入れって別のものにカウントされがちだと思うんですが、実は人間の肌って1枚続き。ボディも顔と同じようにケアするのが私のこだわりです。保湿はもちろん、光老化が進行しないようにUVカットもしっかり。日焼け止めを塗るだけじゃなく、日傘をさしたり、飲む日焼け止めを飲んだり。室内にいるときでさえ、できる限り日射しを避けて過ごすようにしています。目から入る紫外線の刺激がシミやソバカスを増やす要因になるという話を聞いてからは、屋外ではなるべくサングラスをかけるように意識しています。それから、姿勢に意識を配ることも大切。座るときはいつも骨盤を立てて、背筋を伸ばすようにしています。これは、スタイルをスラリと見せられるだけじゃなく、首のシワを予防できる意味でも効果的。些細なことですが、スマホの画面を見るときは、なるべく画面の位置が目より高いところにくるように気をつけています。無意識にしているクセが顔や体を歪めてしまうことがあるので、その点にも気配りを。例えば、私、自分でも気づかないうちに奥歯を食いしばってしまうことがあるんです。これを日々繰り返していると顔の中のエラの部分が発達してしまうので、普段から上の歯と下の歯の間が触れないように意識。家にいるとき、ソファの同じ位置で同じように座るクセも修正。その日によって座る位置や体の向きを変えてあげれば、リラックスしている間に体が歪む心配を防げると思うんです。

　今、はっきりと確信していることは、ボディメイクの成功において日々の地道な努力に勝るものはないということ。"急がば回れ"の努力を積み重ねることが、目標達成への一番の近道。一発逆転なんてないと思っています。理想のスタイルをキープするための特別なダイエット法もなければ、簡単にすぐ効果が出るようなお手軽なテクニックもない。トレーニング、ストレッチ、規則正しい生活、ヘルシーな食生活。この4つの積み重ねこそが、結局、なりたい自分を叶えてくれる唯一の方法なんだと思います。脚の長さや身長を伸ばすことはできないけれど、ボディバランスを整えることは努力次第で誰にもできる。スタイルアップすると、自分自身に胸を張れるから、毎日をポジティブな気持ちで過ごせて、ハッピーの連鎖が生まれる。努力した分だけ体はキレイになって応えてくれるから、みんなで一緒に美ボディを目指そ！

R

Sukima
·······················

隙間

隙間時間、上手に使えてる？

　仕事の合間だったり、横断歩道の信号が青になるのを待つほんの少しの瞬間だったり。日々の生活の隙間の時間にできることをコツコツ続けていけば、まさに "塵も積もれば山となる"！ どんどん自分の理想のボディラインに近づいていける気がします。忙しくてジムに行けなくても、休憩の合間にスクワット10回くらいならサッとできる。しかも、ストレスフリーで。それを隙間、隙間で繰り返したら、すごい回数になっているはず。あ〜、私今、隙間時間に無限大の可能性を感じています！

　ちなみに、運動効率が下がってしまうので "ながら運動" はNG。隙間時間でできるレベルのちょっとしたエクササイズでも、どこに効かせたいのかを意識して体を動かすことで効果が格段にアップするから、絶対、集中してね！

プチ EXECISE

・プチエクササイズ・

隙間時間、こんな使い方はいかが?

01

かかとアップダウン

01 | 両足のつま先を揃えて背筋を伸ばして立ったら、体の軸がブレないように意識しながらつま先立ち。60秒キープしてダウン。手はバランスが取りやすい位置に置く。

02 | 足先を外側に向けて両かかとを付け、しっかりつま先を浮かせることを意識してかかと立ち。足首がほぐれてスッキリ。

02

呼吸で腹筋

01 | 姿勢を整えて立ち、両手をウエストに添える。口から息を吐ききって、お腹を思いきりしぼめる。

02 | もう吐けないところまできたら息を吸って。お腹の風船を膨らませたりへこませたりするイメージで、10回繰り返す。

S

03

スマホ首リセット運動

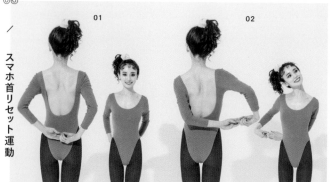

01
後ろで両手を組んで片方の手でもう片方の手をサイドに引っ張る。

02
そのまま首を斜め後ろ45度に倒す。左右それぞれ、60秒ずつキープ。座りながらでもOK。

Check!

04 ／ フィンガーウォーク

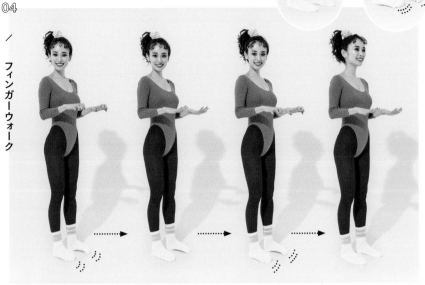

足の指の力を意識して前へ進む。足指を地面から離さずに、芋虫のように屈伸させながら地面を蹴り上げるイメージでスライド。時間が許すところまで進む。脚のむくみ改善に効果的。

Rika's Memo

ここで意識するべきなのは骨盤周りとお腹周り。骨盤の動きをコントロールすることはお腹の引き締めにつながるよ！

---

05 ／ 骨盤体操 左右編

01　　02

01	ウエストを縮めるイメージで、上半身をぶらさないように腰を片方上げる。
02	反対側も同様に。左右 10 回ずつ繰り返して、骨盤の可動域をアップ。

06 ／ 骨盤体操 前後編

01　　02

膝と肩が動かないように固定しながら骨盤だけ動かすイメージで！

No!

Check!

01	脚を肩幅に開いて立ったら、骨盤を前傾する。
02	そのまま後傾して、骨盤の筋肉を緩める。前後 10 回ずつ繰り返す。

S

Taikan

体幹

体幹は、体の首から上と腕、脚を除いた胴体の部分。ここには、横隔膜や腹横筋、多裂筋や骨盤底筋群など主要な筋肉がずらりと潜んでいるんです。

体幹を鍛えると上半身がスラリと引き締まって、体の軸が安定。筋肉で体を支えられるようになるから、背筋がスッと伸びて良い姿

勢で過ごすのがデフォルトに。肩や腰に負担がかかりにくくなって毎日の生活が軽快になるし、大きな筋肉が育つから基礎代謝もアップ。

だから、体幹を鍛えるのってやめられない。自宅でできる"プランク"も取り入れているけれど、私はジムでがっつり鍛えるのがお気に入り。ウォーターバッグを背負って頑張っています。

T

T

体幹の EXERCISE

・エクササイズ・

What's ウォーターバッグトレーニング？

筒状のビニールの中に水を入れたウエイト＝ウォーターバッグを使ってするトレーニング。動きに合わせて中の水が不安定に動くので、体の重心がきちんとしていないとグラグラ。そこをなんとかこらえて重心を整えようとする反射運動を利用して体幹に負荷をかけ、体の深いところにある筋肉を内側から刺激していきます。アスリートが取り入れていることでも話題。ここで紹介する2種目は、どちらも体幹全体に働きかけてくれるメニュー。

01 ／ ツイストランジ

01 ｜ 脚を肩幅に開いて立ち、頭の後ろでウォーターバッグを持つ。

02 ｜ 膝が90度になるように片脚を前に出す。このとき、前にきている脚の膝がつま先より前に出ないように注意。

02 ／ ツイストストレッチ

01 ｜ 脚を肩幅に開いて立ち、頭の後ろでウォーターバッグを持つ。

02 ｜ 姿勢をキープしたまま、ウエストを絞るイメージで体を横へ倒す。

T

Rika's Memo

人間の三大基本動作はしゃがむ、またぐ、踏み込む。その中でも特に大事な動作が " 踏み込む " なんです。きちんと踏み込むためには、下半身の筋肉が使えるかがとっても重要。いつもこのことを念頭においてこのトレーニングをしています。

03 | 体重を沈めながら体を右側にひねる。背筋は伸ばしたままで。

04 | 03 でひねった上体を正面に戻す。02 〜 04 を 10 回 × 3 セット。反対側も同様に。

03 | 02 と同じ要領で反対側にも倒す。

04 | 01 の姿勢に戻る。10 往復 × 3 セット。

T

Underwear

アンダーウェア

密やかなオシャレが
フェロモンを連れてくる

素材もデザインもとっておきのランジェリーを身に着けると、
女性として輝ける気がするから不思議。誰に見せるわけじゃなくても
自然と心が華やいで自信が湧いてくるんですよね。
そんな私が下着を選ぶ上で大切にしているのは、素材と形。
肌に直接触れるものだからこそ、とことんこだわりたいんです。
まずは素材。摩擦や締め付けで肌が黒ずんでしまわないように、
優しいフィット感の素材を選びます。ちょっと贅沢だけどシルクは至福の着け心地。
ショーツの跡が同じ部分にクセづかないように、
いろいろな形の下着を身に着けるように気を配るのも忘れずに。
ブラジャーは購入前に必ず試着。自分のバストにフィットしているか、
着けたときの形がキレイかどうかをチェックします。洋服の着こなしを
左右する存在でもあるので入念に。どんなにデザインが
気に入っても、その2つの条件をクリアしていないものは
購入を見送り。私の家のチェストには、そんなシビアな審査を
くぐり抜けた少数精鋭のランジェリーだけが集っています。

U

U

U

U

U

Rika's Favorite

* * *

La Perla

1954 年にイタリアで誕生したランジェリーの最高峰ブランド。「アトリエでは昔ながらの職人さんたちが1点1点手作り。受け継がれる伝統とトレンド感を同時に感じることのできるランジェリーは、もはや芸術レベル。購入するときはいつも清水の舞台から飛び降りるような気持ちになるけど、身に着けたときのバストの美しさや軽やかなフィット感には感動すら覚えます」

Chantal Thomass

女性らしく洗練されたアイテムを世に送り出したいという想いから、シャンタル・トーマスの手により 1975 年にパリで生まれたランジェリーブランド。「ロマンティックでどこかセクシーで、ところどころに遊び心を感じるデザインに心躍ります。着けているのを忘れてしまうくらい素材が軽やかでとにかく快適。このページで着用させていただいているのも、こちらのブランドのものです」

U

里香は野菜フェチ♡

Vegetable

野菜

V VV

VVV

V V VV V

VV VVVVV

もはやフェチかもしれないっていうくらい野菜が大好きな私。体やお肌が喜ぶ栄養素がたっぷり入っていて、おいしくキレイを磨けるパートナーでもあります（ラッキー！）。家にはいつでも、トマト、ほうれん草、しょうが、にんにく、パプリカをストックしていて、すぐにできあがるからサラダなどで素材を生かして食べることが多いんだけど、ダイエット中はわざと大きめに切ったりします。歯ごたえがあるから"いっぱい食べた"っていう満足感を得られていいんですよね。意外とカロリーの高いドレッシングはできるだけ手作り。市販のものを選ぶときは、糖質が少ないノンオイルのものを選ぶようにしています。そうすると、余計なカロリーを摂るのを防げるよ。生の野菜を大量に食べると体が冷えてしまうので、コンソメやトマトベースの具沢山スープを作ることもあります。

ところで、野菜は大きく２種類に分かれているってご存じですか？　１つは緑黄色野菜。にんじん、ブロッコリー、ピーマン、パプリカ、かぼちゃ、トマト、ほうれん草、小松菜がその代表格。抗酸化作用が高く、お肌をつるんとさせてくれるβ-カロテンが豊富なのが特徴です。もう１つは淡色野菜。これは、キャベツ、水菜、白菜、キュウリなど。ビタミンＣやカリウムなどのミネラルが豊富に含まれていて、肌の透明感アップやデトックスに効果があります。いろいろな栄養素を満遍なく摂取するためにも、緑黄色野菜：淡色野菜＝１：１で摂るように意識したいところ。また、キノコなどは食物繊維と一緒に摂ることで腸内環境が整って、栄養素の吸収がアップするんだそうです。ぼんやり口にするより、効果を感じながら食べるほうがキレイになれそうだよね！

V

V V VV

Vegetable _ 02　塩ドレッシング

ごま油、にんにく、ネギを和えて作る韓国風の
ドレッシング。水菜、レタス、キャベツ、大根な
どさっぱりとした野菜を使ったサラダと好相性。

Vegetable _ 03

グリル野菜とローストビーフのサラダ

ビタミン、ミネラルが豊富な緑黄色野菜は少量でも代謝
や美肌に必要な栄養素を摂取することが可能。良質なタ
ンパク質はもちろん、女性に不足しがちな鉄分も補給で
きるローストビーフと一緒に召し上がれ。

Vegetable _ 01

デトックスサラダバッグ

このサラダに入っているルッコラとブ
ロッコリースプラウトにはビタミン類
が豊富に含まれている上に、デトッ
クス作用の高い成分がたっぷり。食
べるほど体が軽快になるかも♪

ブロッコリーと鮭のサラダ with マスタードソース

ビタミン B 群、ビタミン C、β - カロテン、食物繊維が豊富なブロッコリーと、アスタキサンチン、コラーゲンが豊富な鮭を食べ合わせることで美肌効果がアップ。鮭には筋肉合成に欠かせないタンパク質とビタミン B₆ も含まれているのでトレーニングをした日に選びたい。

ごまと鰹節の 和風ドレッシング

ノンオイルでありながらごまの香りと鰹節の旨味がアクセントになった低カロリードレッシング。豚しゃぶサラダやツナを使用したサラダに合わせて。

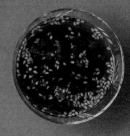

塩麹のシーザードレッシング風

良質な脂肪酸を豊富に含んだオリーブオイルと豆乳がベースのヘルシーなドレッシング。塩麹と粉チーズでコクを出しているから、満足感もバッチリ。

エイジングケアサラダバッグ

ビーツ、トマト、紫キャベツなどの色の濃い野菜の色素成分は抗酸化作用がとても高い食材。口にするだけでエイジングケアと美肌メイクにつながります。

Vegetable _ 01

デトックスサラダバッグ

材料／1人分
空芯大根 ……… 20g
ルッコラ ……… 20g
ブロッコリースプラウト ……… 1/2 パック
しょうが（スライス）……… 4、5 枚
鶏むね肉 (もしくは、ささみ) ……… 1枚
酒 ……… 大さじ1

—

||||| **How to** |||||

1. 小鍋に酒、しょうが、鶏むね肉、たっぷりの水を入れて加熱。沸騰したら火を止めてフタをし、20 〜 30 分放置して余熱で火を入れる。粗熱が取れたら食べやすい大きさに割る。こうすることでパサパサしないでしっとりとした茹で鶏に仕上がる。
2. 空芯大根はいちょう切り、ルッコラは食べやすい大きさに切り、ブロッコリースプラウトは石づきを除き、サッと洗って水を切り1と合わせる。

Vegetable _ 02

塩ドレッシング

材料／1人分
ごま油 ……… 大さじ1
塩 ……… 小さじ 1/2
黒こしょう ……… 少々
にんにく ……… 1かけ
ねぎ ……… 20 g

||||| **How to** |||||

にんにく、ねぎをみじん切りにして、すべての材料を混ぜ合わせる。

Vegetable _ 03

グリル野菜とローストビーフのサラダ

材料／1人分
レンコン ……… 30g
ズッキーニ ……… 1/4 本
赤パプリカ ……… 1/4 個
黄パプリカ ……… 1/4 個
牛もも塊肉 ……… 100g
塩、こしょう ……… 少々
オリーブオイル ……… 適宜

—

||||| **How to** |||||

1. 牛もも塊肉に塩、こしょうをして、強火で熱したフライパンにオリーブオイルをひき、表面を焼く。
2. レンコンは皮をむいて 1cm 程度に切り、酢水にさらす。ズッキーニは輪切り、赤パプリカと黄パプリカは乱切りにする。
3. 1、2を120度のオーブンで20分程度焼いたら、野菜を取り出す。牛もも塊肉は引き続き 10 分焼く。
4. 牛もも塊肉を薄く切り分け、野菜と一緒に皿に盛り付ける。

ブロッコリーと鮭のサラダ
with マスタードソース

材料／1人分
ブロッコリー ……… 1/3 房
クレソン ……… 10g
アボカド ……… 1/8 個
生鮭 ……… 1切れ
塩、こしょう ……… 少々
オリーブオイル ……… 適宜

● マスタードソース
マスタード ……… 大さじ 1/2
はちみつ大さじ ……… 1/2
塩、こしょう ……… 少々

―

||||| **How to** |||||

1. ブロッコリーは小房に分けて、塩茹でする。クレソン、アボカドは食べやすい大きさに切っておく。
2. 生鮭は食べやすい大きさに切り、塩、こしょうをして、オリーブオイルをひいたフライパンで焼く。
3. マスタードソースの材料を混ぜ合わせ、1、2にかけていただく。

ごまと鰹節の和風ドレッシング

材料／1人分
ポン酢 ……… 大さじ1
鰹節 ……… ひとつかみ分
ごま ……… 小さじ1

||||| **How to** |||||

すべての材料を器に入れて混ぜ合わせる。

塩麹のシーザードレッシング風

材料／1人分
にんにく（すりおろし）……… 小さじ1/2
塩麹 ……… 大さじ1
オリーブオイル ……… 大さじ1
豆乳 ……… 大さじ1/2
粉チーズ ……… 大さじ1
黒こしょう ……… 適宜

||||| **How to** |||||

1. にんにくはすりおろし、塩麹、オリーブオイルとよく混ぜ合わせて乳化させる。
2. その他の食材も加えて混ぜ合わせる。シーザードレッシングのようなとろみがついたら完成。

エイジングケアサラダバッグ

材料／1人分
渦巻きビーツ ……… 20g
トマト ……… 小1個
ベビーリーフ ……… 30g

● 紫キャベツラペ
紫キャベツ ……… 20g
酢 ……… 大さじ1
マヌカハニー ……… 小さじ1
オリーブオイル ……… 小さじ1

||||| **How to** |||||

1. 渦巻きビーツはスライス、トマトはくし切りに。紫キャベツは千切りにして、酢、マヌカハニー、オリーブオイルを混ぜたマリネ液で和えて、あらかじめマリネしておく。
2. 器や食品保存容器、サラダバッグに1を盛り付ける。

V

いつもうるお

Water

....

水分

W

っていたいの

肌も髪も体内も、心の中も♡　いつだってうるおいでいっぱいのオンナでいたいって思っています。肌と髪がうるうるしていたら、それだけで美人度が格段にアップ。肌が水分を抱え込んでモチモチになるとメイクのノリだって明らかに良くなるから、溺れるくらい水分で満たしてあげるのがちょうどいいのかなって。それから、飲むお水。朝はコップ1杯のお白湯からスタートして、日中は常温のお水をこまめにゴクゴク。最低 2L は飲むようにしているんですが、そう習慣づけることで代謝が上がって体の巡りがスムーズに。お通じに悩むこともなくなりました。忘れてはいけないのがバスタイム。毎晩、大好きな香りに包まれながらバスタブに体を委ねる時間はまさに至福。その日頑張った自分へのご褒美タイムとも言えます。このパートでは、私の水分との付き合い方を紹介していきます。

W

Rika Izumi —— RIKAtoZ / Water

My Rule of Bath Time...

バスタイムは絶好のセルフエステタイム。そう唱える里香のお風呂にまつわる6つのルール。

W

Rule _ 01
反復浴で脂肪燃焼効果を狙う

換気扇を止めて浴室をサウナ状態にしておきます。バスルームに入ったら次のステップで反復浴。41度の湯船に首まで浸かる→体が熱くなったら上半身だけ湯船から出して読書→湯船から出て髪を洗う＆トリートメント→そのまま湯船に浸かってトリートメントを浸透→湯船から出てトリートメントを流す→再び湯船に入る→湯船から出て体を洗う……がバスタイムのメニュー。所要時間は30〜60分。反復浴には脂肪の燃焼を促してくれる効果があるので、日常的に行なっています。

Rule _ 02
洗浄は肌に優しい洗顔石鹸で

アミノ酸系の泡が肌を優しく、しっかり洗い上げてくれる洗顔用ソープをボディウォッシュとして愛用。思い込みかもしれないけど、この贅沢な使い方がしっとり、すべすべな肌を連れてきてくれる気がします。

繊細な泡が肌に心地いい洗顔石鹸。「洗浄アイテムとは思えないほど洗い上がりの肌がつっぱり知らず。保湿力たっぷりな上にくすみにもアプローチをかけてくれる」アドライズ アクティブソープ 80g（泡立てネット付き）／大正製薬

Rule _ 03
ボディケアはちょっぴりツンデレ

お風呂上がり、大きなバスタオルに包まって水分をとったら、すぐにボディクリームを塗るようにしている私。でも、過剰に保湿しすぎると肌が荒れてしまうことがあるので、甘やかしてばかりなのもダメな気がして。何日かに1回、乾燥が気になる部分だけをピンポイントでケアする日を設けます。

My Love
・・・

まるでシルクみたいにリッチでなめらかなテクスチャーに肌が歓喜。「ボディクリームはいくつも持っているけれど、この香りが一番好き。ローズを軸にしたロマンティックでエレガントな佇まいなんです」レッド ローズ ボディ クレーム 175ml ／ジョー マローン ロンドン

リュクスなフローラルの香り。「とにかく乾燥して肌が元気がない日はこれに頼ります。肌にスルスルと広がってハリとうるおいのベールでラッピングされたような仕上がりに」クレームプールコール 200g ／クレ・ド・ポー ボーテ［医薬部外品］

Rule _ 04
ボディウォッシュは愛でるように

体を洗うときに使うのは手。摩擦で肌に負担をかけないようにソープを泡立てながら肌をなでるように洗っています。くすみやザラつきが気になる肘や膝もゴマージュは使わない派。時々、酵素パウダーで優しく角質を除去することはありますが、基本的には丁寧に保湿してあげれば、なめらかになると思っています。

Rule _ 05
むくみ取りマッサージを欠かさない

バスタイムはむくみ取りマッサージに最適。時間がないときは湯船に浸かりながらケア。足の指を揉みほぐすところからスタートして、足首を揉んだり、ふくらはぎをさすり上げたり。優しく全身をなでるようにタッチしてむくみを軽減。さすったり、押したり、ほぐしたり。いろいろな刺激を与えて体が軽快になるようにアプローチ。反対に、時間に余裕があるときはボディオイルをなじませながらリンパの滞りを流して、そのまま湯船へ。体の巡りがスムーズになるだけでなく香りにも癒やされます♡　その日の疲れはその日のうちに取るように意識すると、セルライトが溜まりにくい体質に近づける気がします。

Rule _ 06
入浴剤はその日の気分で使い分け

「今日はすっきりしたい」って思う日はソルト×オイル。体の巡りを応援してくれるので汗をどっさりかけるんです。そこに日本酒や炭酸タブレットを足すこともあります。とことん癒やされたい日はアロマ系のバスオイルがオススメ。心と対話して、その日のリセットにぴったりなものを選びます。

My Love
・・・

世界中から選ばれた7種類のローズをベースにブレンド。「まるでリュクスなブーケに抱かれているみたいにロマンティックな香り。植物由来の保湿成分を配合しているからお風呂上がりに肌がうるすべに」レッド ローズ バス オイル 250ml ／ジョー マローン ロンドン

ベチバーやサンダルウッド、カモミールが奏でるアロマのハーモニー。「お風呂上がりでもほのかに香りが続いて心が落ち着く。シャワーオイルとしても活躍」アロマセラピー アソシエイツ ディープリラックス バスアンドシャワーオイル 55ml ／シュウエイトレーディング

Skin Care

保湿こそ、すべて！

洗顔した後もお風呂上がりも、
間髪入れずに化粧水をなじませて、
一瞬でも肌が乾かないよう心がけています。
肌になるべく負担をかけないように、
くすみが気になったときこそひたすら保湿。
シミや毛穴も気になるけど、
結局肌って"点"より"面"がキレイ
ならそれでOK。生活の中で
そこまで誰かと至近距離になる
ことって、そうそうないから、
そこは神経質になりすぎない派！
洗浄成分は肌に刺激を与えやすいので
クレンジングや洗顔はなるべく
時間をかけずに済ませるのもモットー。
スクラブなどのはがすケアは
極力しないで、うるおいの力で
ターンオーバーを促すのもこだわり。
この積み重ねが未来の美肌を
連れてきてくれる。そう信じて、
頑張る者は救われる……はず♡

W

My Love

• • •

薬用保湿成分・ヘパリン類似物質×薬用美白
成分・プラセンタエキスのWのアプローチでう
るおいも透明感も。「肌にスーッと浸透。ふっ
くら、モチモチに」アドライズ アクティブローション ディー
プモイスト 120mL／TAISHO BEAUTY ONLINE〔医薬部外品〕

年齢を重ねるにつれて気になる乾燥をディープ
にケアしながら、日焼けによるシミやそばかすを
予防。「コクのあるクリームが肌にとろけるよう
になじんで、しっとりなめらかに」アドライズ アクティ
ブクリーム 30g／TAISHO BEAUTY ONLINE〔医薬部外品〕

Rika's Skin Care Recipe

洗顔後のまっさらな肌を、化粧水→クリームの順番で保湿してうるおいをホールド。規定の量より多くなじませるくらいが大人には安心。うるおいを与えながらマッサージをして、顔周りの余計な水分とむくみにグッバイ！

01

摩擦は肌の黒ズミやシワを招いてしまうから、こするのは、ダメ、ゼッタイ。化粧水もクリームも、手で優しく押し込むようにじっくりなじませるって決めています。

02

むくみやすいまぶたは目の周りを優しくなでて老廃物を流します。皮膚がデリケートなゾーンだから、力が入りにくい薬指で小鳥の頭をなでるようにそーっと、そーっと。眉の上を押し流すのもオススメ。目がパチッと開いて、おでこのシワ予防にもつながります。

03

クリームを塗り終わったら、手をグーにして耳の後ろのリンパをさすって流します。その後、親指で耳の後ろから鎖骨にかけて首のラインを優しく押し流したら、口を開けたり首を振ったりしながら軽くほぐすのもオススメ。保湿しながら顔のむくみを軽減するのが習慣です。

04

スキンケアをするときは、顔の流れでデコルテまで保湿します。仕上げに人差し指を鎖骨の上のくぼみの部分で往復させて、デコルテのラインをすっきり。いつも、デコルテも顔の一部だと思ってケアしているよ！

W

W

髪はオンナノイノチ

Hair Care

もともとクセ毛で、日中、広がってボワボワするのが悩みだったんです。しかも、撮影で酷使しているからダメージも進行しやすくてコンディションがボロボロになったことも。それが、ヘアサロンのトリートメントを受けるようになってから劇的に改善。みるみる息を吹き返して、毛先までするんとまとまるしなやかな髪になれたんです。メニューは『トキオ インカラミ トリートメント』。ヘアサロン『LONESS』に2週間に1回のペースで通っています。髪の調子がいいとダウンスタイルもちょっとしたヘアアレンジも様になってテンションがアップ。髪はオンナノイノチなんだって実感してます。

シャンプーは1度ぬるま湯でしっかり流してからスタート。髪を摩擦せず頭皮をマッサージするように洗います。

サロントリートメントの効果を少しでも長持ちさせるために、自宅でもサロン専売のアイテムで念入りにお手入れ。トリートメントは毛先を中心に揉み込むようになじませたあと、10分くらい浸透させてから流すのが基本だけど、時々さらっとつける日も。いろんな刺激で栄養を与える意識を心がけています。

少し前から白髪予防も意識するようになって、ブロッコリースプラウトを食べたり、マッサージで頭皮環境を整えるようにしています。頭頂部は血流がアップするようにちょっぴり強めにプッシュ。生え際もしっかり揉んで、頭皮のコリをほぐしながらリフトアップ。この積み重ねが髪のアンチエイジングにつながると思うんです。

My Love

· · ·

For In Bath

インバスケアは髪のコンディションに合わせて使い分け。髪を洗うアイテムは常時3種類スタンバイ。その日の髪の状態をチェックして必要だと思うものを選びます。

リセット用のマイベーシック

ダメージが蓄積しがちな大人のヘアに立ち向かう処方。「髪の芯まで補修してくれる。コシとツヤがアップして毛先までしなやかに」オージュア イミュライズ シャンプー 250ml、/同 ヘアトリートメント 250g／ミルボン（サロン専売品）

スカルプケアしたい日の炭酸系

濃密な炭酸泡が頭皮の汚れを取り去りながら、地肌の血行を促進。「頭皮のゴワつきが気になる日や寝ぐせがついた日に投入。髪が根元からふんわりします」オージュア エイジングスパイ クリアフォーム 170g／ミルボン（サロン専売品）

ダメージケアしたい日の美容液系

髪につける高濃度美容液という発想で美髪成分を配合。「パサつきやダメージをリッチに補修。私の多い髪も毛先までしっとりまとまり良くしてくれる」oggiotto インプレッシブ PPT セラム MS 250ml／同 セラムマスク MM 180g／テクノエイト（サロン専売品）

For Out Bath

表面は乾いていてサラサラなのに、髪の内側には水分がギュッと詰まった"レア質感"を叶えてくれる最新テクノロジーを搭載。「髪の温度が60度以下になるように乾かすから熱によるダメージを防いでくれて安心。毎日使う物だからこそ品質にこだわりたいと思います」リファビューテック ドライヤー／MTG

W

XXX
················
キス　キス　キス

いつでも**キス**できる
うるぷるリップをスタンバイ！

x

Rika is Lips Addict

唇って、ただそれだけでそこはかとなくセンシュアル。彩りを変えることで表情がくるくる変わる奔放さも、好き。塗り直す仕草すら女性らしくて、今でも手にするたびに胸が高鳴ります。

どんな質感もカラーも余裕でつけこなすためには、唇のうるおいがマスト。素の状態でもぽってりとしたセクシーなリップでいられるように、どんなに小さなバッグの日でもリップクリームは必ず持ち歩くようにしています。日中はもちろん、夜寝る前にも必ず保湿。もし塗り忘れてベッドに入ってしまったら、一度ベッドを抜け出して塗りに行くくらい必需品です。

保湿の他に、唇のエクササイズでエイジングケアも。唇をすぼめながら前に突き出すように "ちゅ〜♡" っていう顔をするのは、ほうれい線ケアに効果テキメン。唇がぷっくり、血色がアップするのでしょっちゅうやってます。すました顔してマスクの中でしていることも（笑）。

Red

ドレスアップをして人前に立つお仕事のときや大勢の人と顔を合わせるパーティなど、フォーマルなときに手に取りたいレッドルージュ。唇にまとったその瞬間から、表情も気持ちも凛とします。いい意味で女性としての緊張感を与えてくれる色。

ベルベットのようにパウダリーマットな質感の官能的なレッド。つけている間中しっとり。ルージュ・ジバンシイ・ベルベット 37 ／パルファム ジバンシイ［LVMH フレグランスブランズ］

Orange

オレンジは肌色をヘルシーに見せたいときにピックアップ。私の中では夏空に映えるイメージで、つけていると元気になれる。目元とワントーンに仕上げるとテクニックいらずで洒落感が出せるので、オフの日にも重宝しています。

みずみずしさ溢れるグロッシーティントオイル。ツヤと透け感が絶妙。メイクしながらケアも。ディオール アディクト リップ グロウ オイル 004 ／パルファン・クリスチャン・ディオール

X

My Love

ビタミンE、B6など唇の荒れにアタックしてくれる成分を配合した薬用タイプ。「乾燥が深刻なときやひびワレ、皮むけからも守ってくれるリップクリームは私にとってお守り的な存在」モアリップ 8g／資生堂薬品〔第3類医薬品〕

海藻をはじめとする美容成分を贅沢に配合。「こっくりとしたテクスチャーで唇にピタッと密着。リュクスなうるおいのベールに守られている使い心地で保湿力大。スウィートなミントフレーバーも大好き♡」ザ・リップバーム 9g／ドゥ・ラ・メール

Brown

インパクトを放つブラウンのリップは、コーディネートにアクセントをつけたい日に指名。私の中ではアクセサリー感覚のカラーです。ただ塗るだけでモードな雰囲気がまとえるから1本あると重宝。どことなく女性らしさも漂います。

ワンストロークでスルリと唇にフィット。マットでありながらスルスル伸びるスタイリッシュなブラウンオレンジ。バニラの香り。
リップスティック マラケシュ／M・A・C

Pink

リップの中で一番好きな色はピンク。王道だけどやっぱり可愛いなって思っちゃうんですよね。質感や色のトーン違いで何本も持っていて、塗るたびに「女のコに生まれて良かった♡」ってじーん。肌色をトーンアップさせてくれるところも優秀。

*デューイな質感に思わず息をのむフューシャピンクのグローリップ。植物由来の美容成分を贅沢に配合。唇を縦ジワごとふっくら。*デアリングリィデミュアリップスティック 01／THREE

X

里香のナイトルーティン

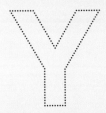

Yoru no Junan

夜の柔軟

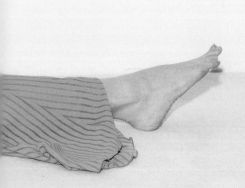

夜の柔軟は14歳のときからの習慣。夜に限らず、暇さえあればいつでもどこかしら体を伸ばしている私がいます。もはや、呼吸をするのと同じノリかもしれない（笑）。

そんな風に毎日ストレッチをするようになったら、どんどん体が柔らかくなって。同時に、体の可動域が広がったのでトレーニングの効率が絶対的に上がったし、疲れが残りにくくなったから、メリットしかない！ その日の体のコンディションと相談して必要だと思った種目を自分が「良し」って思えるまでするのがルーティン。回数や秒数の目安は一応あるけれど、ルールに縛られると逃げ出したくなっちゃうから、気持ちいいと思える範囲でできればいいかなって。結果的にそのほうが、気負わず続けられていいかも♪

今は体が硬いあなたも続ければきっと柔らかくなる。継続は力なり！

Y

FLEXIBLE EXERCISE

・柔軟運動・

01 ／ ウエストシェイプ

01
あぐらをかいて下半身が
動かないように意識。

02
上半身を片方にひねった
ら、60秒キープ。反対側
も同様に。

02 ／ 首伸ばし

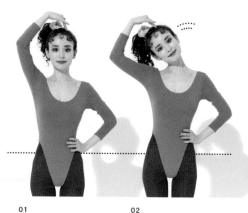

01
背筋を伸ばし、顔をまっ
すぐにした状態で立って、
手を頭の上に。

02
手で頭を真横に倒し、力
をかけて首筋を伸ばす。
左右とも60秒キープ。

03 ／ 開脚

脚をできる限り大きく開いて、背筋を伸ば
したまま上体を前に倒して60秒キープ。

硬くてちょっとしか開かない人は
できるところで止めてOK！

OK!

Y

04 ／ 太もも伸ばし

かかととお尻を
近づけるように

腰を落として膝立ちになり、片脚を前に踏み込む。後ろにきた足のつま先を手で持ち、かかととお尻を近づけるイメージで力をかける。60秒キープ。反対側も同様に。

05 ／ 背中伸ばし

あぐらをかいて両手を前で組み、まっすぐ引っ張る。斜め45度上に傾斜をつけてもOK。60秒キープ。

06 ／ 脇伸ばし

01 ｜ あぐらをかいて片方の手首をもう片方の手で持つ。その手を斜め上に引っ張るように伸ばす。

02 ｜ そのまま体を横に倒す。脇の下が伸びているのを意識しながら、60秒キープ。反対側も同様に。

Y

Zzz...
··················
睡眠

良質な睡眠こそ、
スタイルキープの鍵

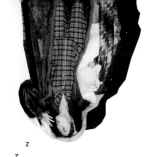

Z Z Z

夜遊びもしないし、遅い時間帯のごはん会には極力参加しない、
極めて地味なライフスタイルの私（笑）。

夕食は18:30〜19:00に自宅で済ませて、21:00くらいにお風呂へ。
23:00になったら歯磨きを済ませて、24:00にはベッドで就寝。
家に帰ったら睡眠時間をきちんと確保するために行動しています。

昔も今も夜更かしはまったくしなくて、小・中学生の頃と
1mmも感覚が変わらないまま、すっかり大人になりました（笑）。

1日の睡眠時間は平均7時間。

モデルの仕事は朝が早いので、翌日起きる時間から逆算して
睡眠時間はきちんと確保するようにしています。

ぐっすり眠れるように、枕カバーとパジャマ&ベッド周りはシルクのものを。
夕食後はなるべくカフェインを控えるように意識。
スマホはベッドに入る1時間前から見ないのがマイルール。
ラベンダーのアロマを指先に垂らして香りに包まれながら眠ることも。
寝ている間も絶対に乾燥したくないので、加湿器をつけるのもマスト。

そうしてもたらされる良質な睡眠は、美容効果、テキメン。

ターンオーバーを整えて細胞の生まれ変わりをスムーズにして
肌を輝かせてくれる上に、疲労を回復して新陳代謝をアップ。

翌日の仕事やワークアウトのパフォーマンスも上がって、
ハッピーサイクルを生み出してくれるから、スゴイ。

美ボディキープの鍵を握るのは、正しい睡眠サイクルなのかも。

この本のしまい方

・・・

この本の制作にあたって、改めて自分自身の
" 作り方 " と向き合ってみました。

これまで、ボディメイクを頑張ってきたことはたしかだけど、
今でも悩みは尽きなくて……。正直、いつになったら
理想のボディラインに到達できるのかわかりません。

でも、1つだけ確信しているのは、地道な努力こそが
着実な結果をもたらしてくれる唯一の方法だということ。

わたしの歩いてきた道が誰かの役に立てるなら
少しでもみんなと分かち合いたい。
そんな思いで私を構成しているエッセンスを
1冊に閉じ込めました。

自分自身を見直すきっかけ、知るきっかけ、愛するきっかけ。
生活習慣と向き合うきっかけ、健康的な生活を送るきっかけ。

この本を通してあなたが今より少しでも
笑顔になれる " きっかけ " を見つけられたら
そっと表紙を閉じて、本棚に納めてください。

そして、また体を作り直したくなったら、取り出して参考にしてね。

愛せるボディを手に入れて、笑顔溢れる毎日を♡

2020.4.7

泉 里香

Photograph
磯部昭子

Styling
柾木愛乃（Model）
青木静花（Prop）

Hair & Make-up
岡田知子［TRON］

Nail
中島理恵［uka］

Art Direction & Design
我妻晃司［YAR］

Edit & Writing
石橋里奈

Proofreading
高橋健次［東京出版サービスセンター］

Printing Direction
富岡 隆［トッパングラフィックコミュニケーションズ］

Special Thanks to
斉藤美沙

Production Team
海保有香　田所友美［SDP］

Sales Team
川崎 篤　武知秀典［SDP］

Promotion Team
大塩秀太　渡辺実莉［SDP］

Artist Management
水野智史　佐藤 佳　菊池美紀［STARDUST PROMOTION］

Supervisor
鈴木謙一［STARDUST PROMOTION］

レシピ・栄養素監修

板橋里麻（いたばし・りま）
株式会社 たべかた 代表取締役
管理栄養士・IOTA 認定オーガニックセラピスト
腸内細菌検査コーディネーター

" 生きかたを、食べものでつくる " をモットーに食習慣と生活スタイルのバランス、食を通じた予防医療を提案する「株式会社 たべかた」代表。メイン事業のおいしく食べるファスティング「delifas!」では、パーソナル食事トレーニングで多くの女性のキレイのサポートをしている。その他、ヘルシーメニューのデリバリー＆ケータリング事業「delifas!DELI」を展開。自身もレシピ開発、フードコーディネーター、セミナー講師など幅広く活躍。

たべかた　http://tabekata.jp/about/
delifas!　https://www.delifas.com
delifas!DELI　https://www.delifas.com/delifas-deli
Instagram　@rima_itabashi

エクササイズ監修

スポーツトレーナー
武田敏希（ただ・としき）
「E-STRETCH GYM」主宰。

「鍛える前に整える」をコンセプトにストレッチを取り入れた独自のメソッドで人それぞれの細かいリクエストに対応。「カラダが変わる！」と女優やモデルの間で話題になり予約が殺到。「E-STRETCH GYM」は現在、大手町、代官山、白金台、六本木に展開。著書「ぷよっと感じ始めたカラダが 1 日 5 分で引き締まる モデル流！体幹革命ストレッチ」（KADOKAWA）、「ひねってやせる！モデル専属ボディメイクトレーナーの最強ストレッチダイエット」（二見書房）、「モデルみたいにかわいくなれる！おしゃれガールのキレイ Lesson」（ナツメ社）、オリジナルプロテイン「美人プロテイン」も大ヒット中。

E-STRETCH GYM　https://e-stretch.jp
Instagram　@_takedatoshiki_　@estretch.gym

CREDIT

02-04 スイムスーツ／ Rosarymoon（Rosary）
05-09 キャミソール、スカート／ Rosarymoon（Rosary）ピアス、バングル／ RUIEN
10-11 ボディスーツ／ Marika Vera（GABRIELLE PECO）ピアス／ RUIEN
12-13 ジャケット（quaint）、ブラ、ショーツ（MARIEYAT）／ il Felino.　リング（左中指）／ RUIEN　その他リング／ agete
14-16 ブラジャー（Dora Larsen）、パンツ、パンプス（quaint）／ il Felino.　ピアス／ somnium

A_ ワンショルタンク／ little $uzie　B_ ブラジャー、ショーツ／ MARIEYAT（il Felino.）　I_ ワンピース／ EAUSEENON（SUSU PRESS）イヤリング／ CITRON Bijoux　カットソー／スタイリスト私物
M_ リング／ CITRON Bijoux　N_ ブラウス／ ELLIE（HONEY MI HONEY）イヤリング／ CITRON Bijoux　つけ襟、グローブ／スタイリスト私物　P_ スイムキャップ／参考商品（GABRIELLE PECO）
その他／スタイリスト私物　S_ メガネ／ BJ CLASSIC COLLECTION（Eye's Press）その他／スタイリスト私物　U_ ボディスーツ／ Chantal Thomass（GABRIELLE PECO）チューブトップ／スタイリスト私物　Z_ パジャマ、ブランケット、ピローカバー／ Priv. Spoons Club（Priv. Spoons Club 代官山本店）その他／スタイリスト私物

SHOPLIST

Fashion

Eye's Press	03-6884-0123
agete	0800-300-3314
il Felino.	03-6447-0402
GABRIELLE PECO	03-3498-7315
CITRON Bijoux	http://citron-bijoux.com
SUSU PRESS	03-6821-7739
somnium	03-3614-1102
HONEY MI HONEY	03-6427-4272
Priv. Spoons Club 代官山本店	03-6452-5917
little $uzie	03-6455-3550
RUIEN	http://ruien.jp

Beauty

イップ ジャパン	03-6434-7737	THREE	0120-898-003
uka Tokyo head office	03-5843-0429	TAISHO BEAUTY ONLINE	0120-160-901
MTG	0120-467-222	テクノエイト	06-6968-1253
クラランス	03-3470-8545	ドゥ・ラ・メール	0120-950-775
クレ・ド・ポー ボーテ	0120-86-1982	パルファム ジバンシイ	03-3264-3941
資生堂薬品	03-3573-6673	パルファン・クリスチャン・ディオール	03-3239-0618
シュウエイトレーディング	03-5719-0249	M・A・C（メイクアップ アート コスメティックス）	0120-950-113
ジョー マローン ロンドン	0570-003-770	ミルボン	0120-658-894

Rika Izumi　—　RIKAtoZ

Rika Izumi　Body Make Book

RIKAtoZ

発行　　　2020 年 4 月 7 日　初版 第 1 刷発行

発行人　　細野義朗
発行所　　株式会社ＳＤＰ
　　　　　〒 150-0021　東京都渋谷区恵比寿西 2-3-3
　　　　　TEL　03(3464)5882（第一編集部）
　　　　　TEL　03(5459)8610（営業部）
　　　　　ホームページ　http://www.stardustpictures.co.jp
印刷製本　凸版印刷株式会社

本書の無断転載を禁じます。
落丁、乱丁本はお取り替えいたします。
定価はカバーに明記してあります。
ISBN978-4-906953-81-3　©2020SDP　Printed in Japan